U0210015

教育部人文社会科学重点研究基地
山西大学"科学技术哲学研究中心"基金
山西省优势重点学科基金
资 助

山西大学
科学史理论丛书
魏屹东　主编

A Research of E. Mayr's
Thoughts and Methods on the
History of Biology

迈尔的生物学史
思想与方法研究

李辉芳/著

科学出版社
北 京

图书在版编目（CIP）数据

迈尔的生物学史思想与方法研究 / 李辉芳著.—北京：科学出版社，
2017.3

（山西大学科学史理论丛书/ 魏屹东主编）

ISBN 978-7-03-052296-2

Ⅰ．①迈… Ⅱ．①李… Ⅲ．①迈尔–生物学史–思想评论 ②迈尔
生物学史–方法研究 Ⅳ．①Q

中国版本图书馆 CIP 数据核字（2017）第 052998 号

丛书策划：侯俊琳 牛 玲

责任编辑：牛 玲 刘 溪 乔艳茹 / 责任校对：何艳萍
责任印制：李 彤 / 封面设计：无极书装

编辑部电话：010–64035853
E-mail:houjunlin@mail. sciencep.com

科 学 出 版 社 出版
北京东黄城根北街 16 号
邮政编码：100717
http://www.sciencep.com

北京建宏印刷有限公司 印刷
科学出版社发行 各地新华书店经销

*

2017 年 3 月第 一 版 开本：720×1000 B5
2022 年 1 月第四次印刷 印张：10
字数：147 000
定价：58.00元
（如有印装质量问题，我社负责调换）

丛书序

科学史理论即科学编史学，是关于如何写科学史的理论。编史学的语境化是近十几来科学史理论研究的一种新趋向，其根源可以追溯到科学史大师萨顿、柯瓦雷、科恩和迈尔，他们均是科学史界最高奖——萨顿奖得主。

科学史学科创始人之一、著名科学史学家萨顿把科学史视为弥合科学文化与人文文化鸿沟的桥梁，强调这是科学人性化的唯一有效途径，极力主张科学人文主义，倡导科学与人文的协调发展。柯瓦雷将科学作为一项理性事业，将社会知识看作科学思想的直接来源，坚持内史与外史的结合，以展示人类不同思想体系的相互碰撞与交叉的复杂性与生动性。科恩作为萨顿的学生、柯瓦雷的研究牛顿《自然哲学的数学原理》的合作者，其科学编史思想既体现了他对萨顿、柯瓦雷等科学史学家研究方法的继承与发展，又体现了他独有的综合编目引证法、四判据证据法和语境整合法。他主张运用语境论的编史学方法将科学人物、科学事件与社会和科学史教育相结合，将科学进步、科学革命和科学史相统一。迈尔是国际学术界公认的鸟类学、系统分类学、进化生物学权威，以及综合进化论理论的创立者之一，同时也是卓越的生物学哲学家和生物学史学家。他的科学史研究重心发生的由医学向鸟类学、由鸟类学向进化论、由进化论向生物学史及生物学哲学的转向，体现了他的科学编史学方法上的自然史与生物学史的结合、历史主义与现实主义的结合。《20世纪科学发展态势计量分析》——基于《自然》（*Nature*）和《科学》（*Science*）杂志内容计量分析，直接或者间接地反映和证明了他们的编史学思想和方法。

语境论从整体关联的语境出发，以包括人在内的历史事件为概念模型，通过对事件和人物做历史分析和行为分析动态地审视科学的发展史，由此形成的编史原则和方法，我称之为"语境论的科学编史纲领方法论"。这种方法论把内史与外史（自然科学史与社会史）相结合、伟人（人物）与时代精神（社会文化）相结合、现实主义与历史主义相结合，构成了科学编史纲领方法论的核心。

语境论的编史学的方法论核心之一是在科学史的内史与外史之间保持张力。所谓内史是对一个学科的年代进步的主要自包含说明，也即从内部写的历史。它描述一个学科的理论、方法和数据，以及描述通过已接受的、理性的科学方法和逻辑解决被认为清晰可辨的问题是如何进步的。内史通常是由一个学科中知识渊博的但没有受过专门历史训练的科学家写成的。例如，物理学史通常是由物理学家自己写成的，而非历史学家写成的。因此，内史倾向独立于更广阔的智力和社会语境，也倾向为这个领域、其实践和大人物（大科学家）辩护，并使之合法化。它也因此被认为缺乏"历史味"。

比较而言，外史始于这样的假设，即科学不是独立于它的文化的、政治的、经济的、智力的和社会的语境而发展的。因此，外史通常是由一个学科之外的具有科学素养的职业史学家写成的。有些人持中立立场，有些人则质疑基本的学科假设、实践和原则。事实上，许多史学家是从相反的概念方向写起的。的确，在当代的科学史研究中，一个明显的事实是：外史多是由非"科班"的学者写成的。在这个意义上，难怪有人说外史缺乏"科学味"。

语境论的编史学的方法论核心之二是在伟人与时代精神之间保持张力。伟人史强调某特殊人物（科学家），如牛顿、爱因斯坦，对一个学科发展的贡献。诺贝尔科学奖即是对伟人史的一种强化手段。这种历史过分强调个人的作用，忽视了集体的合作性。其实个人有时只起到表面的主导作用，大量的事实可能被掩盖了。伟人史对于思想或观念史是不够的。尽管伟人史可能是一种直接描述的行为，但是它假设的成分更多。比如，它通常假设科学发展的一个"人格主义的"理论或解释。这种理论假定：伟人对于科学进步是必然的，也是科学进步的自由的、独立的主体。这种历史的实质通常是内在主义的，强调个人的理性和创造性，强调个人在促进科学和提升个人职业方面主动的、有意图的成功。

相比而言，时代精神史则强调文化的、政治的、经济的、智力的、社会的和个人的条件在科学发展中的作用。它更是社会语境中的思想史或者观念史，但是它也可能过分综合化。例如，我国科学家屠呦呦获得 2015 年诺贝尔生理学或医学奖被质疑为是集体成果的个体化。按照时代精神史，应该奖励给集体而非个人，但是诺贝尔奖只奖励个人，这就产生了个人与集体之间的冲突、西方时代精神与东方时代精神的对立。又如，所有形式的行为主义的社会控制目标被认为是同一个有凝聚力的实体和方向。与伟人史一样，时代精神史也假设一个解释性理论，即这些条件如何说明科学的发展，这被称为"自然主义理论"。根据这种观点，伟人对科学进步负责的表现是一种幻想，因为其他人或许对此也有贡献，时代精神也许起更大的作用。与外史一样，时代精神史也具有语境论的精神和气质，比起伟人史更全面、更综合。

编史学的方法论核心之三是在现实主义与历史主义之间保持张力。所谓现实主义历史，就是选择、解释和评价过去的发现、概念的发展、作为科学先知的伟人等，即好像本来就该如此那般的"胜利"传统。它在很大程度上是在当下接受的和流行的观点的语境中写出的令人安慰和感觉舒服的历史。它同时也承担建立传统和吸引拥护者的教育学功能。也就是说，现实主义历史是一部"英雄史"和"赞扬史"。这样一来，科学史对于它的现实意义、对于理性化与合法化实现是重要的，因为科学的进步是不断逼近真理的，直指今日的目的论的"正确"观点。同样重要的是，现实主义历史不仅证明和赞扬"胜利"传统，而且它也中伤被认为是失去的传统。或者说，选择性地解释过去的历史作为现实的确证，使它陷入一种特殊观点，这同样也是现实主义的。比如，20世纪70年代的认知革命被认为是正确的，而它之前的逻辑实证主义和行为主义则被认为是错误的。随着逻辑实证主义的衰落，行为主义也随之衰落，或者说，行为主义的终止被认为是逻辑实证主义方法衰落的证据。

相比之下，历史主义把科学发现、概念变化、历史人物看作是在它们自己时代和地域的语境中被理解的事件，而不是在当下语境中被理解的事件。这就是说，编史学关注的是过去发生事件在它们的时代和地域中的功能或意义，而不是它们在当下实现中解释的意义。这是一种令人瞩目的语境论视角，因为语境论的根隐喻就是"历史事件"。历史主义方法论在囊括材料和历史偶然性过程中有更多消耗且更缺乏选择。它不因与当下潮流不一致而拒绝或者不拒绝先前的工作。它也少有关于什么与实现历史的相关或不相关的假设。在这个意义上，历史主义历史与实现主义历史相对立，因为它与实现主义对一个学科的创立与特点的说明不一致。它认同和修正在学科史中某人物或事件被称为"原始神秘"的东西，而人物和事件是现实主义通常涉及的。科学编史学既需要现实主义，也需要历史主义；既要解释过去，也要说明现在。因为说明过去总是立足于现在，而说明现在要从过去做起。因此，科学史需要在现实主义与历史主义之间保持一种张力。

需要特别说明的是，科学史作为一门严格的学术领域，引起了人们对历史方法论的发展和对科学历史的审查的兴趣。科学编史学者应该审查：预防先前错误的重复发生，那些错误严重影响了一个学科的进步；检查一个学科过去和未来的发展轨迹；使社会 – 文化基质（语境）成为聚焦点，在这个语境中，实践者操作、促进当下困境的解决。语境论科学编史学强调"语境中的行为"，这对于科学史学家分析科学家的行为有极大帮助，因为说到底，科学史是一代代众多科学家行为的积累产物，对他们的行为进行分析是科学史特别是思想史研究的关键。

总之，就其本意而言，科学史就是研究科学发展的历史，它包括两个方面：一方面是科学自身的发展史，也就是所谓的"内史"；另一方面是科学与社会的互动史，也就是所谓的"外史"或者社会史。内史也好，外史也罢，它们都离不开"历史事件"和其中展开它的人物。也就是说，科学史就其本质来说，是探讨历史上"科学事件"是如何发生和发展的，由谁发生和推动的。因此，研究科学史，"历史事件"和人物（科学家）是两个核心因素，而"历史事件"是语境论的根隐喻，它是一种概念模型。因此，对"历史事件"及其推动它的人物的行为进行分析也就是一种基于概念的历史分析。这种历史分析必然是一种语境分析。这就是为什么一些科学史学家将语境论与科学史研究相结合的根本原因所在。

"科学史理论丛书"选择三位有明显语境论倾向的科学史大师柯瓦雷、科恩和迈尔进行研究，并通过对自然科学中最具权威性的杂志 *Nature* 和 *Science* 做内容计量分析来验证，旨在揭示科学发展中个人行为与集体行为之间的对立统一规律。

魏屹东

2015 年 10 月 9 日

前　言

近代科学史的奠基人乔治·萨顿（George.A.L.Sarton）认为科学是人类文化中一种特殊的、最有价值的文化，并把研究科学史的目的确定为将其作为通向"新人文主义的桥梁"。作为科学与文化之间沟通的桥梁——科学史研究自萨顿以来，在学科建制方面从未停止过逐渐完善的脚步。生物学史作为科学史中的一门学科史，其研究日益受到重视。本书的研究对象生物学史家恩斯特·迈尔（Ernst Mayr），曾经获得科学史领域的最高奖项——萨顿奖，这是对他的生物学史思想的最高评价。

迈尔一生获得无数科学荣誉。他终生得过 33 个奖项，除了萨顿奖，还包括具有"生物学界三冠王"之称的巴仁（Balzan）奖、国际生物学奖（日本设立）、克拉福德（Crafoord）奖。迈尔的科学成就使得他 1954 年当选美国国家科学院院士，1970 年获得国家科学奖章。

这样一位终生投入科学研究领域的科学巨匠，其作为资深鸟类学家、系统分类学家、进化生物学家的形象已经深入人心。人们大多关注其对生物进化论的贡献，而忽略了他在生物学哲学尤其是生物学史方面的成就。即使是在获得萨顿奖之后，他在生物学史领域的贡献也未能得到应有的重视，其对生物学编史学领域的贡献更是鲜有人知。这不得不说是件很遗憾的事情。

科学史最高奖项的获得者的科学史思想及研究方法被人忽略，一方面的原因在于，科学史作为一个较年轻的学科，还未得到足够的重视；另一方面的原因在于，科学史研究人员还未注意到此项空白，至少是还没有填补该空白。本书力图从迈尔的生物学史思想的形成基础及发展历程着手，以他在生物学、生物学哲学，尤其是生物学史方面所做的研究工作为依托，揭示其生物学编史思想及研究方法对生物学、生物学史、生物学哲学等领域的深刻影响，向更多的人展示迈尔在生物学史领域的风采。

迈尔的生物学史思想研究有其独特之处。早期的生物学史偏重于生物学学科内部的发展，属于典型的内史。诚然，通过编年的方式，将历史上发生的生物学事件清晰列出，可以使人们对生物学学科知识的发展过程一目了然，然而对于为什么会发生这样那样的事件，并未被人们所重视。从 19 世纪后半叶开始，随着生物学的迅速发展，产生了一系列社会问题和伦理问题，这些问题和人们的生活有着千丝万缕的联系，不容忽视。此时生物学史的研究显然不可能对此视而不见，适当的改变已成为大势所趋。恰在生物学史面临窘境的时候，迈尔发现，大多数普通科学史是由物理学家写的，那种不符合物理学要求就不是科学的狭隘观点已为他们所公认。而生物学缺乏像物理学、数学那样的统一性，具有不确定性和独特性，以运用定律、测量、实验等科学研究形式的程度来衡量生物学显然有失偏颇。迈尔致力于开创一种能涵盖生物学特征的区别于普通科学史的独特的生物学史。认识到新的生物学史出现的必然性后，迈尔写出了长达 80 万字的《生物学思想发展的历史》一书，该书的问世轰动了生物学史学界，甚至整个科学界。

迈尔是杰出的鸟类学家、进化生物学家、系统分类学家、生物学史学家和生物学哲学家。作为鸟类学家，迈尔是目前世界上认识鸟类最多的人，命名和描述了 26 个鸟种，与他人合作命名和描述了 300 多个亚种，这样的成就目前尚无人可及；作为系统分类学家，迈尔澄清了生物学研究的重要基础——物种的概念，提出了新的系统分类原理，成为系统分类学的奠基人之一；作为进化生物学家，迈尔系统研究了达尔文的进化理论，不仅对其进行了权威概括与述评，而且还作为综合进化论的"建筑师"对达尔文进化理论进行了拓展，赢得了"20 世纪达尔文"的美誉；作为生物学哲学家，迈尔提出了生物学哲学新思想，在以物理哲学、数学哲学为风尚的科学哲学领域中，为生物学哲学争取到了独立的地位。这些成就为迈尔的生物学史思想形成奠定了坚实的基础，本书前三章分别对这些进行阐述。

迈尔的《生物学思想发展的历史》开启了生物学编史学的新纪元，该书被称为"生物学的史诗"。这是他作为生物学史学家的巨大成功，因此而获得的萨顿奖是对他在这一领域的最权威的认可。本书在第四章指出迈尔的生物学史的思想内涵，并在第五章对他的生物学史研究方法进行分析。迈尔在有限的一生中获得了诸多科学领域的卓越成就，本书最后一章尝试对迈尔成功的原因进行探析，以期对读者有所助益。

通过阅读本书，科学史专业及对科学史感兴趣的一般读者能对生物学史领域巨擘迈尔的科学成就有所了解，对其生物学史思想的形成过程及独特的生物学史写作手法有所认识，对其生物学史的研究方法有所领悟。这将是本书对生物学史甚至科学领域的小小贡献，笔者对此深感欣慰。

李辉芳

2016 年 10 月 1 日

目　录

丰富多产的研究生涯

迈尔生于 1904 年，卒于 2005 年。1954 年当选美国国家科学院院士，1970年获得美国国家科学奖章。他终生得过 33 个奖项，其中包括具有"生物学界三冠王"之称的巴仁奖、国际生物学奖（日本设立）、克拉福德奖，以及科学史最高奖项——萨顿奖。能取得如此丰硕的成果，生活背景对他的成长所起的作用不容忽视，家庭环境是其研究兴趣形成的重要影响因素，严谨的德国和开放的美国两种风格截然不同的文化背景使他更容易接受不同的思想。走过的 100 年中，迈尔的研究兴趣发生了三次转向，从而使他的 863 篇著述涉及鸟类学、分类学、遗传学、进化生物学、生物学哲学、生物学史等许多领域。本章将对此略作介绍。

第一节　迈尔的生平简介

1904 年迈尔出生于德国巴伐利亚州的肯普滕（Kempten）镇的一个医学世家。他是家中三个儿子中的一个。父亲奥托·迈尔（Otto Mayr）和母亲海琳·普西尼林·迈尔（Helene Pusinelli Mayr）都十分热爱大自然，对周围植物和动物的分布情况非常熟悉。他们经常带着孩子们在周日出游，到野外采集动植物标本，观察动植物的形态和习性。这应该是迈尔在博物学方面最初的训练了。

受父母的影响，迈尔很小就对大自然产生了浓厚的兴趣。他经常笑称自己是"天生的博物学家"。除了乐于接近大自然，观察自然界中的各种现象，迈尔还热衷于阅读博物学尤其是鸟类学的书籍。这些书对迈尔潜移默化的启迪与帮助相当大。迈尔从小就对鸟类情有独钟，他经常一做完功课就骑着自行车到公园或郊外观看鸟类。十几岁的时候，他就已经通晓了当地所有的鸟的名字，而且仅凭鸟叫声就可以辨识当地鸟的种类了。迈尔 18 岁的时候发现了一对红头潜鸭（red-crested pochards，雁形目鸭科潜鸭属），这种鸭子据称在中欧已经消失了 70 多年。迈尔因此成为近 80 年来第一个发现红头潜鸭的人。这个发现使他有缘结识了其事业生涯中最重要的一个人——德国著名的鸟类学者埃文·斯特雷斯曼（Erwin Stresemann）。

1923 年 9 月，像达尔文一样，迈尔延续家族的传统，进入格雷夫斯沃尔德大学（Greifswald University）开始学医。在两年的学习期间，迈尔非常勤奋刻苦，大多数医学课程都取得了优异的成绩。尽管如此，迈尔意识到让他真正感兴趣的还是自然界丰富的鸟类。当时任教于柏林大学的斯特雷斯曼对迈尔在鸟类学方面的兴趣和天分给予了充分的肯定，并极力劝说他改学鸟类学。开始时迈尔只是在暑假期间到柏林大学的动物学博物馆工作，1925 年，迈尔最终听从了斯特雷斯曼的建议，放弃了医学，来到柏林大学跟随斯特雷斯曼学习动物学，侧重于研究鸟类学。影响他做出决定的还有一个因素，那就是他少年时期对冒险的热情。迈尔听说，如果做一个博物学者，就可以去探险，而这正是迈尔所向往的。

凭着卓越的天赋和过人的毅力，迈尔仅用十几个月就圆满完成了申请博士学位所必需的课程学习。1926 年 5 月，迈尔的鸟类学论文《百灵鸟的分布》顺利通过答辩，年仅 21 岁的他获得了柏林大学动物学博士学位。毕业后，迈尔进入柏林大学动物学博物馆做了助理馆员，一直工作到 1931 年。

在柏林大学动物学博物馆工作后不久，在导师斯特雷斯曼的强烈推荐下，23 岁的迈尔开始了正式的野外工作。1928 年，迈尔应邀带领考察队去进行一项鸟类学考察，地点是在新几内亚西部的偏远地区。迈尔于 4 月份到达那里，探究了三个山区的鸟类生活。1928～1929 年，迈尔在新几内亚的工作主要是在萨雷阔勒山（Saruwaged mountains）地区和赫索格山（Herzog mountains）地区进行考察。1929 ～ 1930 年，他作为美国国家历史博物馆惠特尼南海考察队的一员探索了所罗门群岛。尽管当时交通极为艰难，当地部族纷争错综复杂，探险难度相当大，然而最终都大获成功，采集了大量标本，鉴定了许多新种。迈尔在探险期间患过疟疾、登革热、痢疾及其他热带疾病，曾被瀑布冲下，曾因小木船被掀翻而险些淹死，甚至曾有报道说他已经被杀。经历九死一生的众多磨难之后，迈尔的野外考察终于获得了成功，可以说这与他坚忍不拔的精神有着相当密切的关系。

虽然迈尔没有像达尔文一样进行过环球航行，但是在环境艰险的新几内亚和所罗门群岛的考察工作使他获益颇多。在柏林大学动物学博物馆工作期间完成的迈尔最重要著作之一《关于太平洋的鸟学论文》，就建立在他几年野外考察的基础上。迈尔在考察中还采集到了许多种珍稀鸟类的标本。后来有一次参加哈佛举办的座谈会时，主持人博物学家阿滕伯勒（R.S. Attenborough）谈到他多年来试图在新几内亚拍摄园丁鸟和天堂鸟的经历，其中的鸟类有许多现在已濒临灭绝，珍贵到必须对它们小心翼翼，甚至连大气都不敢喘的地步。结果迈尔在看过所有鸟之后，倾身对鸟类学家奥登（Peter Alden）说："我吃过其中好几种。"正是这些实地考察的经验使得他在鸟类学、分类学、动物地理学及进化论方面提出了很多新概念和理论，如"物种""奠基者原则""异域物种形成"，并且相继出版了一系列学术专著。

1931 年，迈尔离开德国，移居美国。他最初的工作是在位于纽约市的美国国家自然历史博物馆做研究员。1932 年迈尔加入美国国籍成为美国公民。同年被任命为美国国家自然历史博物馆鸟类馆副馆长。在那里，迈尔开始了他的学术生涯。当时他的工作是研究地理性变异的方式和新几内亚岛、美拉尼西亚群岛、玻利尼西亚群岛、密克罗尼西亚群岛鸟类的物种形成。这些工作形成了他在物种、物种形成和动物进化的一般问题方面的理论化工作的经验基础。迈尔描述了 26 个新物种，以及 345 个新的鸟类亚种。其中许多是在南太平洋远征过程中收集的。他的研究表明新物种确实像达尔文认为的那样，从隔离的种群中出现。1942 年，迈尔出版了一本开创性的著作《分类学和物种起源》

（ *Systematics and the Origin of Species* ），该书用 20 世纪的观点来透视达尔文的理论，将新系统学、进化和群体遗传学综合在一起，是他对进化综合做出的主要贡献，也使他成为"现代综合进化论"的创始人之一。1946 年，迈尔协助建立了进化论研究学会及其刊物《进化》（ *Evolution* ），并担任了该刊的首任主编。

1953 年，迈尔接受了哈佛大学动物学教授一职，除了为本科生及研究生开设进化生物学课程外，他还主要从事进化生物学的研究。1961 年迈尔开始兼任哈佛大学比较动物学博物馆馆长，一直到其退休为止。在那里，他建立了一个野外研究站，并扩充了博物馆的研究设施。1971 年，比较动物学博物馆以迈尔的名字命名，这是迈尔认为最值得骄傲的事情。1975 年他从博物馆退休，开始将研究兴趣转向生物学史与生物学哲学。在他退休后的 30 年内，迈尔著述颇丰，共出版 14 本专著。其中最重要的是被人称作史诗般巨著的《生物学思想发展的历史》和倡导新生物学哲学的《生物学哲学》。其间，他还创办了《生物学史杂志》（ *Journal of the History of Biology* ）。

迈尔始终保持着对生物学的无限热忱。当时年近百岁的他几乎每年都有新作品问世，他的作品大部分通俗易懂，普通读者也完全可以接受，这在一定程度上促进了生物学知识的普及。难能可贵的是，迈尔一生始终都具有极大的好奇心，他甚至在 90 岁高龄还去学开车。正是由于这种热情，迈尔在退休之后也从未放弃过工作，如他在百岁生日前接受《波士顿环球报》采访时说："人们问我为什么不退休？我说，'上帝，我为什么要退休，我喜欢我所做的工作'。"

100 岁生日时，迈尔在《科学》杂志上发表了一篇论文，回顾了近 80 年来进化研究的过程。在文章的结尾，迈尔表达了他此生对进化生物学的强烈热情，他说，"对活跃的进化生物学家们而言，这些新近完成的研究带来了一个鼓舞人心的消息：进化生物学研究是一个无尽的前沿，仍然有很多未知的东西等待被发现。我个人唯一的遗憾就是，我已经不能陪伴诸君，去享受这些未来的发展了"[①]。

2005 年 2 月 3 日，迈尔在马萨诸塞州贝德福德逝世，鸟类学、分类学、进

---

① Mayr E. 80 years of watching the evolutionary scenery. Science, 2002, 305: 46-47.

化生物学、生物地理学、生物学世纪、生物学哲学等诸多领域的一颗巨星自此陨落！他的逝世"标志着一个科学时代的结束"。可以说，自达尔文之后，没有人像迈尔一样在进化生物学的天空里散发出如此的理性光芒，他被誉为"达尔文的后裔""二十世纪的达尔文"，可谓当之无愧！尽管斯人已去，但他的光辉并未散去，他的思想仍会与一代又一代的年轻进化生物学家同在。

第二节　研究兴趣的三次转向

迈尔终其一生对生物学的发展投入了极大的热情，除了他擅长的鸟类学、系统分类学、进化生物学等领域之外，迈尔还对动物行为学、人类伦理学等领域有所涉猎，其研究内容之广泛令人赞叹。统观其职业生涯可见，迈尔的研究兴趣发生过三次明显的转向。

一、医学向鸟类学的转向

高中毕业后，迈尔沿袭家庭的传统，在大学时期选择了医学专业。由于迈尔的勤奋刻苦，他的成绩一直很优异。尽管如此，迈尔最终还是选择了从事鸟类学研究而放弃了被公认为最有前途的医学专业。做出这样的选择，有其偶然性，更有着明显的必然性。

早年的迈尔在家庭氛围的熏陶下，热衷于对大自然奥秘的探究。对鸟类的那种与生俱来的兴趣使得他对鸟类有着超出常人的敏锐观察力，这种天赋是他在鸟类学方面取得巨大成功的重要因素之一。

青少年时期的迈尔在鸟类观察方面表现出的才能得到了人们的认可。这种及时的被肯定激发了迈尔更大的信心，也坚定了他从事鸟类学研究的决心，这对他成长的作用是不可忽视的。

迈尔的导师斯特雷斯曼教授对他的影响也是显而易见的。迈尔在鸟类学方面表现出来的天赋让斯特雷斯曼赞叹不已，对鸟类观察的热情也使斯特雷斯曼认定他必定是个鸟类学领域不可多得的人才。正是由于斯特雷斯曼对他的肯定与鼓励，才使迈尔最终做出了转向鸟类学研究的选择。

在跟随导师斯特雷斯曼学习的过程中，迈尔对鸟类学的研究逐渐专业化、系统化，最终成为一位声名显赫的鸟类学家。他至今仍被认为是世界上认识鸟类最多的人，仅凭这一点，也足以证明迈尔当初选择的正确性了。根据历史的偶然性和必然性，如果斯特雷斯曼没有适时地出现在迈尔的生命中，世界上也许会多出一个认真负责、技术精湛的医生，但"第二个达尔文"的出现将会延后许多年。

二、鸟类学向进化论的转向

迈尔在鸟类学领域的成就主要得益于对鸟类形态学的研究。他在野外考察过程中采集到了大量标本。通过对这些标本的整理与分类，迈尔对各种鸟做了详尽的比较与分析，并且进行了分类，从而鉴定了大量鸟类物种。

在对鸟类进行分类的工作中，不可避免地要涉及物种的问题。由于前人在"物种"定义方面做得不够准确，迈尔在分类时遇到了很多问题。为了能够准确地将鸟类分类，他对"物种"这个概念进行了深入研究。通过对"物种"概念历史的分析，迈尔首次精确定义了"物种"概念，该定义至今仍然被广泛沿用。

在 20 世纪 30 年代，迈尔在进行分类研究的过程中，受到遗传学家杜布赞斯基（Theodosius Dobzhansky）系统思想和壬席（B. Rensch）物种形成思想的影响，将注意力转向了生物的进化方面。迈尔 1942 年出版的著作《系统学与物种起源》奠定了他在生物进化方面的研究地位。

三、进化论向生物学史与生物学哲学的转向

进化本身就是一个历史的过程。迈尔在对进化论进行研究时，像所有的人一样，从进化思想的源起着手。从 20 世纪 30 年代开始一直到退休的近 40 年间，迈尔对生物进化史的研究始终保持着稳定的热情。随着研究的深入，他对进化思想的整体把握也越来越有力，达到了当时无人企及的程度。在这一过程中，

迈尔已经思考了许多相关的哲学问题。直到退休后，迈尔才有了充裕的时间来整理这些哲学思想，此时的他把兴趣彻底放在了对生物学史与生物学哲学的研究上。

在研究进化论时迈尔就发现，现代生物学的很多内容，尤其是不同学派之间的争论，如果对所涉及问题的历史背景不清楚，就无法充分理解。"每当我向学生们提到这一点时，他们就会问我有哪些书籍可以参考。对此，我感到很窘，我只得承认现下已出版的图书都不能满足这种要求。"[①]事实上，已有的众多记述生物学家生平及成就的著作过于浅显，不足以使人们对生物学的主要问题进行分析，这是显而易见的。而生物学中的个别分支学科，如遗传学和生理学的历史，又因为研究对象的单一而使人们不可能将生物学作为一个整体来论述。完整地介绍生物学思想的发展史当时仍付之阙如。为了填补这一空白，迈尔撰写了《生物学思想发展的历史》一书。该书的着重点是现代生物学主导思想的背景与发展，至今仍是了解生物学思想史的最重要的参考书。

随着现代科学技术的发展，生物学新生了许多分支。这些分支由于对人们的生活有着更为直接的影响，因而吸引了大多数学者的研究兴趣，但是生物进化等一些基础性的学科却遭受了冷遇。迈尔对此感到十分焦虑，所以他便开始竭尽全力地为传统生物学争取地位，让更多的人了解与接受传统生物学思想就成为他此时的奋斗目标之一。为了宣传传统生物学的重要性，迈尔不仅写了很多简单易懂的科普作品，甚至还想撰写一本能涵盖更广范围的生物学史的著作。因为了解一门学科的历史有助于对学科进行更深刻的把握，从而有利于建立正确的价值观。为此，迈尔做了近十年的准备，终于在1982年出版了《生物学思想发展的历史》一书。迈尔特意在开头两章中介绍了生物学史的重要性及生物学在科学中的地位及其概念结构，帮助非研究人员以更深邃的洞察力来理解其他各章纯粹科学性的发展，以便使传统生物学及其历史能得到广泛的认可。

正确的哲学思想有助于人们正确地认识世界。家庭的哲学氛围和自己的哲学基础使迈尔不自觉地从哲学角度思考问题。对于哲学应该怎样指导生物学朝

---

① 迈尔.生物学思想发展的历史.涂长晟等译.成都：四川教育出版社，1990：2.

正确的方向发展的问题，迈尔失望地发现：当时已有的有关哲学的著作几乎都是以物理学和逻辑学为基础的，将生物学作为研究对象的著作少之又少。更有甚者，认为生物学根本不是科学，或者说只是物理学的一个分支。这让迈尔意识到，为生物学争取到应有的地位已成为迫切要解决的问题，这是他不可推卸的责任。此后，迈尔将所有的精力致力于生物学哲学的研究。

可见，迈尔研究兴趣的三次转向的出现都是在前一次研究发展到一定阶段后出现的，有着历史的必然性。每次转向彼此之间都有着一定的联系，过渡非常自然。三次转向中的每一次都是迈尔研究工作的一个新的契机。迈尔能在每一个新的起点上取得显赫的成就，这一点令人钦佩。三次转向分别奠定了迈尔在生物学不同研究领域的权威地位。可以说，缺少任何一次转向都不可能成就今天的迈尔。

第三节　迈尔著作的计量与分类分析

迈尔在其长达 80 年之久的研究生涯中，始终怀着巨大的献身生物学事业的热情，笔耕不辍，著述颇丰，为后人留下了包括专著、论文、书评等在内的作品 863 篇[①]。这样的成果使之堪称高产作家。

著作是学者研究兴趣、方向及成果的体现。对学者著作的分析有助于考察本人学术生涯中研究兴趣、研究重心的变化，有利于进一步研究其思想变化的路线及趋势。迈尔的学术生涯之长非常人所能企及，其著述之丰亦非常人可望其项背，由此对其著作的分析就显得尤为必要。

一、迈尔著作的计量分析

迈尔一生的著作包括专著、论文、书评、会议发言稿、词典词条、人物传记、讣告等总计 863 篇[①]，涉及生物学的很多分支。

[①] 也有 760 篇之说。本书将迈尔同一词典编写的多条词条分别计算，迈尔通常会为再版的专著写不同的序，因此在按年发表量计算时，这一部分内容也统计在内了。统计标准参见 Haffer J. Ornithology, Evolution, and Philosophy—The Life and Science of Ernst Mayr 1904–2005. New York: Springer, 2007.

　　笔者对迈尔的著作进行了逐年统计，并根据统计结果对其著作的发表总体情况进行了分析。从 1923 年迈尔开始发表的博士论文算起，直到他 2005 年去世，在 83 年时间里，迈尔平均每年都要发表约 10 篇作品。退休以后，迈尔不仅没有停止工作，而且以更高的热情继续投身于他的研究中。迈尔对工作的热情和执着值得年轻一代好好学习。

　　由图 1.1 可见，迈尔发表的鸟类学方面的文章为 197 篇，占总数的 23%；系统分类学方面的文章 261 篇，占总数的 31%；遗传学方面的文章 9 篇，占总数的 1%；进化生物学方面的文章 89 篇，占总数的 10%；生物学史方面的文章 46 篇，占 5%；生物学哲学方面的文章 34 篇，占总数的 4%；人物方面的文章 51 篇，占总数的 6%；书评 104 篇，占总数的 12%；还有关于保护生物学、伦理学、外星人等其他方面的文章 72 篇，占 8%。

　　这与迈尔的工作状况是相符合的。迈尔自获得博士学位起，就一直从事鸟类及其分类的工作。几次野外考察更是带回数量庞大的标本。在德国和美国博物馆工作的 20 多年，迈尔始终从事对采集来的标本进行整理和分类的工作。直到他接受了哈佛大学的邀请去做教师，这样的状况才不再继续，但其他研究工作仍然建立于他的鸟类学与系统分类学的基础之上。也就是说，迈尔一生的研究工作都离不开鸟类及系统分类学。所以这两方面的著作超过一半是完全正常的。

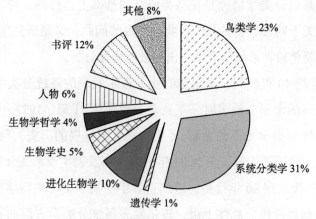

图1.1　迈尔著作的分类统计

二、迈尔著作的分类分析

迈尔的研究范围涉及生物学许多领域，将其进行分类分析可了解不同时期迈尔在同一学科研究领域的动态变化。

（一）鸟类学

这里统计的鸟类学大多为鸟类形态学、鸟类行为学及鸟类志。由于迈尔的其他研究大都建立在鸟类学研究的基础上，因此，如果将所有与鸟类相关的论文与著作都在鸟类学做统计，不可避免地会出现重复统计的现象。为了避免重复统计，相关分类、命名及地理分布统计在系统分类学中。

1923～1968 年，迈尔几乎没有停止过对鸟类学的研究。只是从 20 世纪 40 年代开始，迈尔发表的鸟类学论文数量有较明显下降。这与迈尔研究兴趣的第二次转向是密切相关的。迈尔 1942 年出版的专著《系统学与物种起源》（*Systematics and Origin of Species*）作为进化论综合的一个理论基础，是他通向生物进化论研究的重要基础。此后，迈尔做的研究工作主要在物种及物种形成方面，与系统分类学的关系更为密切。

（二）系统分类学

迈尔的系统分类学研究是在鸟类研究的基础上进行的，与鸟类有着密不可分的关系。关于物种、物种分类及物种形成的问题，又是研究生物进化的标志，因此，有必要单独将系统分类学列出来进行统计分析。

自 20 世纪 40 年代起，至退休时止，迈尔发表的系统分类学方面的作品维持在一个较高的水平，最多时一年发表数量高达 21 篇。1977 年和 1978 年迈尔没有发表系统分类学方面的文章，《生物学思想发展的历史》与《生物学哲学》出版后，又开始逐渐上升，至 2002 年平均每年发表 4 篇系统分类学文章。而在 20 世纪 70 年代末到 80 年代初，迈尔正着手生物学史与生物学哲学的研究，是上述两书的构思阶段。总体上讲，迈尔发表系统分类学方面的文章在数量上的相对恒定，说明了系统分类学在他的研究生涯中一直保持着稳定的地位，也说明了他对系统分类学兴趣的持久性。

系统生物学著作数量非常大，有一个原因是笔者将系统学、分类学、动物命名学、动物地理学、物种及物种形成五块内容都纳入系统分类学中，其中有相当一部分涉及鸟类。由图1.2可见，迈尔发表系统生物学方面的文章共261篇。其中，动物命名学81篇，占总数的31%；系统学27篇，占总数的10%；物种及物种形成80篇，占总数的31%；动物地理学41篇，占总数的16%；分类学32篇，占总数的12%。

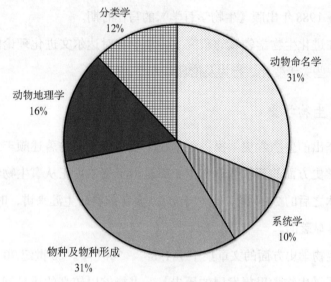

图1.2　迈尔著作的分类分析——系统分类学

（三）遗传学

迈尔读了杜布赞斯基的作品后发现，遗传学可以很好地解释变异的现象，是进化生物学不可或缺的部分。此后迈尔就与杜布赞斯基等遗传学家保持着一定的联系，以便进行更好的交流。为了探寻变异产生的机理，迈尔也以果蝇为主要研究对象，在遗传学方面做了一些研究，并且发表了9篇论文。因为其遗传学作品数量较少、时间分布不集中，不具典型意义，所以本书没有专门列图表分析。

（四）进化生物学

享有"二十世纪的达尔文"之美誉的迈尔，在进化生物学领域所做的工作得到了世人的广泛认可。

迈尔从1958年开始正式进入进化生物学领域的研究，每年发表的论文都保持稳定的数量，其中1966年空白，1964年、1965年两年均发表6篇，1979年空白，1980年发表9篇。由于论文发表有时限，所以这两个空白并不能说明迈尔曾经间断了进化生物学的研究。而这两年前后出现的发表高峰，正是迈尔在进化生物学研究领域保持稳定兴趣的证明。1987年、1988年两年空白，其时正值迈尔准备1988年出版《生物学哲学》的写作时期。

迈尔在进化生物学领域的研究主要集中在对达尔文进化理论的分析和阐述上。还有一些关于变异、行为及伦理等方面的研究。

（五）生物学史

作为杰出的生物学史学家，迈尔在生物学史方面的著述颇丰。仅从数量上看，生物学史方面的著作数量较少，那是由于迈尔真正从事生物学史方面的研究是在退休之后的20年间，相对于他80多年的科研生涯来讲，时间是短暂的，但成果却是显著的。

迈尔生物学史方面的文章集中于1988～2001年。20世纪70年代也有零散研究。为了《生物学思想发展的历史》一书能够以较高的质量问世，完成他出版一本可以通观生物学思想发展全貌的专著的夙愿，迈尔的前期准备工作就做了10年左右。自该书出版后，迈尔在生物学史方面发表的文章数量呈上升趋势，90岁高龄之后才渐趋下降。

（六）生物学哲学

面对物理主义泛滥的科学哲学，迈尔提出了新生物学哲学思想，确立了生物学哲学在科学哲学中的地位。他的新生物学 哲学有许多与传统观念不同的地方，为了使更多的人接受他的生物学哲学思想，迈尔发表了不少文章来进行介绍。

迈尔从退休后正式开始生物学哲学的研究，其生物学哲学思想主要集中于

1988年出版的《生物学哲学》一书中，其后10年一直在思考与之相关的生物学哲学的前沿问题，主要涉及生物学与还原论的关系、近因与远因、遗传学与生物进化的关系、群体思想与生物进化、选择的单位等。

（七）人物研究

迈尔一生发表的人物研究方面的文章共计51篇，涉及以下几方面内容：①简洁的讣告，或对朋友、同事的个人纪念；②总结性的生物学家传记或纪念文章；③评论性的生物学家传记；④自传。这些文章尽管大部分字数较少，但点评必须抓住关键，同样需要大量的研究工作。

迈尔对人物的研究高峰自20世纪70年代起。其时，与迈尔同时代的生物学家大部分年事已高，陆续离开人世，所以迈尔写了很多关于他们的纪念性文章。由于迈尔大部分关于人物的作品都是讣告或者回忆性的，对人物的介绍相对较简单，因此不能称之为"研究"。

达尔文、魏斯曼（A. Weismann）、卡尔·乔丹（Karl Jordan，1861—1959）、霍尔丹等人备受迈尔的关注。在研究生物进化的时候，为了透彻地理解生物学家们的理论及他们提出理论前后的思想变化经历，迈尔对他们进行了深入研究。

（八）书评

自20世纪40年代起迈尔开始大量写书评。从迈尔的书评中可以看出迈尔对科学知识的严谨态度。很多书评总是通篇溢美之词，在这一点上迈尔算是个很有个性的人，他写的书评通常很具批判性，文笔极其犀利，对作者的不足之处总是一针见血、毫不留情地指出。这种评判性的书评可以赋予读者被动思辨的过程，带给读者更多的思考空间及选择余地。对层次尚未达到较高水平的读者来讲，可以避免学习谁的理论就被谁的思想洗脑的尴尬状态，有助于读者在批判地接受过程中产生自己的观点。

生物学史思想的基础

迈尔是1986年萨顿奖的获得者。萨顿奖就是对他在科学史领域贡献的肯定。作为生物学史学家的迈尔，在科学史领域的研究工作主要集中于生物学通史、进化思想史、生物学相关学科史及生物学家的研究等方面。在生物史的教学上，他也做出了很大贡献，培养了很多生物学史人才。

迈尔的生物学史思想在科学史领域产生了巨大的影响。了解其生物学史思想形成的基础有助于更深刻地理解其生物学史思想的精髓。

迈尔的生物学史思想的构建，基于其生物学基础、生物学哲学基础及生物学史基础这三块平台。首先，科学史研究的对象离不开"科学"二字。迈尔在生物学领域的广泛涉猎及不朽建树显然是其生物学史思想的直接来源。其次，迈尔的生物学哲学思想拓宽了他的研究视野及思路，是其生物学史思想的指导。最后，迈尔在生物学史领域的研究，可以帮助他更清晰地梳理生物学发展的脉络，引领其自己的生物学史思想向正确的方向发展。

第一节 生物学的基础

作为20世纪生物学的权威，迈尔在各个领域均有建树。他因此被冠名为鸟类学家、系统分类学家、生物进化学家、生物学史学家及生物学哲学家等。迈尔能在如此众多的生物学分支领域均取得他人难以望其项背的突出成就，着实让人敬佩。优秀的科学史学家往往有着坚实的自然科学背景，正是基于其深厚的生物学功底，迈尔得以准确把握各分支学科的核心，并从中发掘出自己的生物学史思想，最终在科学史领域摘得萨顿奖这一桂冠。由于迈尔涉猎的分支学科太广泛，本书就其最主要的贡献介绍如下。

一、鸟类学研究

迈尔从小就对鸟类感兴趣。孩提时代他就喜欢在户外观察鸟类形态、习性等，少年时他已经对附近的鸟类了如指掌了。红头潜鸭的发现使他引起了德国著名的鸟类学家斯特雷斯曼的注意。在斯特雷斯曼的劝导下，迈尔最终踏上了鸟类学的研究之路。在迈尔从事鸟类学研究长达 60 多年的学术生涯中，他不仅收集了南太平洋地区几乎所有的鸟类标本，而且对这些标本进行了系统的整理、分类和描述。迈尔也因此成为世界级的南太平洋鸟类学权威。他在鸟类学方面的贡献主要体现在以下三方面。

（一）野外考察

迈尔对鸟类学的研究很大程度上建立在野外考察的基础上。他在几次野外考察中，认识了不少鸟类，还带回来数量庞大的鸟类标本，并通过这些标本进行鸟类的分类工作。

迈尔野外考察的工作机会来自他的导师斯特雷斯曼。斯特雷斯曼和位于纽约的美国自然历史博物馆及位于伦敦附近的罗斯柴尔德爵士家族博物馆的鸟类学家们曾经一起制订了一个大胆的计划，想通过实地观测极乐鸟，来探索尚不清楚的新几内亚岛鸟类奥秘。1926 年 7 月，斯特雷斯曼在布达佩斯召开的动物学国际会议上，极力推荐从未离开过欧洲的迈尔来承担这一艰辛的研究项目。他认为迈尔是新几内亚岛考察负责人的最佳人选。迈尔当年刚刚博士毕业，这对时年 23 岁的他来说是个非常好的机会。

1928 年 2 月初，迈尔离开德国开始了独自带队到新几内亚岛和美拉尼西亚群岛为期 2 年多的考察。为了更好地完成任务，迈尔决定对新几内亚岛北海岸五座重要的山进行彻底的地毯式的鸟类勘察工作。

这项工作的困难是人们所难以想象的。群岛上人烟稀少，有时候甚至几天不见人影。自然环境极其恶劣，迈尔曾经遭遇了被瀑布冲下、乘坐的小木船被掀翻等险情。考察队的队员们还经常被各种热带疾病，如疟疾、登革热、痢疾等缠身，经受了环境的严酷考验。更严重的是，考察队的队员们经常会遇到当地土著部落的突然袭击。官方还曾经报道过迈尔已经被杀的消息，虽然后来证实这个报道不属实，却可见当时勘查工作的艰苦。由于具备非凡的交际能力，迈尔不仅没有被杀害，而且还和当地的部落交上了朋友，并从土著人那里了解了一些当地鸟类的情况。

年轻的迈尔果然不负众望。尽管历经种种生死险境，最后他还是成功地登上了五座山的顶峰，采集了大量的鸟类标本，其中含有很多新的物种和亚种。尽管他搜集得很齐全，但还是没有完成此次考察的初衷：找到神秘"缺失"的极乐鸟。尽管如此，这次野外考察也不是徒劳的。因为没找到极乐鸟的这一结果同样也为斯特雷斯曼破解谜团提供了关键的线索：所有那些缺失的鸟类都是已知极乐鸟物种的杂种，所以数量很少。

迈尔的野外考察结果总结如下：①搜集到了 Arfak 山脉大量的鸟类标本，那里是新几内亚岛鸟类的典型区域；②在隔离的 Wondiwoi 山脉，在 Cyclops 山脉北海岸 Wandammen Peninsula 搜集了更多的标本；③在鸟类很少的 Huon Peninsula 半岛上的 Saruwaget 山脉和 Herzog 山脉附近也进行了鸟类标本采集；④在所罗门群岛附近的某些岛屿、新几内亚岛东部的岛屿采集了很多标本。这些标本中包含了大量当时尚未为人所知的鸟类物种和亚种。

迈尔带领的考察队还搜集到了一些哺乳动物的标本，描述了三种新的分类（类群，即一种还可细分的分类单位）：①居住在 Saruwaget 山区雨林的一种老鼠的种；② Wondiwoi 山脉达里亚树袋鼠的一个亚种；③长指 Triok 的一个亚种。

另外，迈尔还收集了大约 4000 只蝴蝶标本、4000 只甲虫标本、1000 只蝗虫标本，还有一些蜘蛛、蝎子、蛇、蠕虫、蜥蜴、蜗牛以及一些甲壳纲动物的标本。这些标本大部分被保存在柏林博物馆，还有数以千计的植物标本，被收藏在柏林的达莱姆。然而，这些大部分尚未被研究过的植物标本在第二次世界大战期间被毁坏了，不得不说是件令人惋惜的事情，迈尔为此感到很难过。

　　在新几内亚岛考察全胜而归后不久，迈尔就被派去西南太平洋的所罗门群岛。在那里迈尔参加了惠特尼南海考察队，考察一些岛上的鸟类，包括比新几内亚还危险的马莱塔岛。随后迈尔接到了邀请他到位于纽约的美国自然历史博物馆鉴定鸟类标本的任务。美国自然历史博物馆当时收藏了惠特尼考察队在太平洋上的几十个岛屿上采集的几万个鸟类标本。这些标本是迈尔后来分类学和动物地理学工作的基础。

　　（二）鸟种的鉴定

　　迈尔在美国自然历史博物馆的工作是对鸟类标本进行整理与分类工作，直到1953年，迈尔到哈佛大学的比较动物学博物馆之后，这项工作才暂告一段落。在新几内亚和所罗门群岛的野外考察工作固然重要，在博物馆里鉴定鸟类标本的工作对迈尔来说也同样重要。长达20年之久的鸟类分类工作是他形成关于地理变异和进化思想的直接来源。正像达尔文一样，坐在家中研究藤壶标本对于达尔文来说，和考察科隆群岛一样重要。

　　迈尔擅长发掘新鸟种，再绘出其分布区域。鸟种的鉴别相当困难。一些鸟的分类特征也许是羽毛颜色，但其他特征却可能因地区不同而变异性极高。比如，在不同的山上同一种鸟的尾巴不同，在某座山上这种鸟的尾巴可能特别长，在另一座山上这种鸟的尾巴却可能呈方形。生物学家通常利用"亚种"（subspecies）来描述这种混乱的现象。亚种当时被定义为某一地区内拥有和其他同种生物不同的独特性的族群。然而，迈尔通过研究工作却发现这种解释并不完美，因为有时候亚种的特异性并不显著，而是像彩虹上的色带一样，一种颜色渐次变化，融入另一种颜色。还有些时候，看似亚种的族群，实际却是完全独立的种。

　　《遗传学与物种起源》一书给出了合理的解释。读过该书之后，迈尔明白了种与亚种正是杜布赞斯基所描述的演化过程的活生生的例证。同种生物分布区内的不同地方出现变异，造成不同族群之间的差别。有些地区的鸟发展出长尾，而其他地区的鸟却发展出方尾。由于这些鸟仍和它们的邻居交配，所以并没有孤立成另一个种。这个发现提高了迈尔对新种的鉴定工作的准确度。

在美国自然历史博物馆工作的 20 多年时间里，通过对丰富的馆藏的研究整理与实地考察，迈尔对北美和欧洲鸟类的种类、分布、习性等许多方面的研究取得了丰硕的成果。他曾先后命名和描述了 26 个鸟种，此外，还有 300 多个亚种的命名和描述都是在迈尔与其他学者的合作下共同完成的。这样的成绩，在 20 世纪是没有任何一个其他的鸟类学家可以与之相比的。

1971 年，迈尔与杰拉德（J. Diamond）开始合作撰写一部有关所罗门群岛和俾斯麦群岛鸟类的巨著，这部书历经 30 年才完成。1953～1986 年，迈尔还主持并完成了《彼特斯世界鸟录》中 8～15 卷的写作，这 8 卷书囊括了当时一半还多的鸟种。这项工作对于推动世界鸟类学研究的发展具有极其重要的学术价值和重大而深远的生物多样性保护的现实意义。

（三）重视鸟类学的作用

迈尔从鸟类研究对系统分类学、进化生物学、生物地理学、生态学、种群生物学、动物行为学、生理学及生物保护学等方面强调了鸟类学研究的重要意义。他希望澄清一个事实：在整个生物学的历史中，在新的探索方面，鸟类学家一直起着先锋作用。[①]

同样，鸟类学的研究对整个生物学有着重要的贡献。迈尔始终强调，对相对简单的自然现象的观察，常常可以形成一些宏观概括的基础，并进一步形成新的理论和概念。这对于研究整个生物学甚至人类自己都是有用的。比如，鸟类研究对于行为学和仿生学的发展就具有重大意义。迈尔曾专门撰文《鸟类学对生物学的贡献》，分别讲述鸟类学对系统分类学、进化生物学、物种形成、形态学、生态学、生物地理学、种群生物学、生理学、迁徙、保护生态学、仿生学等各学科发展的促进作用[②]。

在确定生态灶的定义时，迈尔使用的就是鸟类学的例子。位于华莱士线西

① Mayr E. 鸟类学对生物学的贡献 . 郑光美译 . 动物学杂志，1985, 6: 36–42.
② Mayr E. The contributions of ornithology to biology. BioScience, 1984, 34(4): 250–255.

边的巽他群岛上的 Bimie 岛和 Rimatara 岛两大岛屿上都有 28 种啄木鸟。而同样位于华莱士线西边的新几内亚岛的热带雨林却没有一种啄木鸟，而主要树种与 Bimie 和 Rimatara 岛上的差不多。经过仔细分析后迈尔发现，这两座岛中包含的环境因素与新几内亚岛虽然非常类似，但啄木鸟很难跨越横在苏拉维斯群岛与新几内亚岛之间宽广的水域。因此，在新几内亚岛的鸟类中，没有来自"啄木鸟"分支的本地科。这个例子让迈尔确信，生态灶是具有环境特质的。迈尔在进化生物学中的大部分成就都基于其鸟类学的研究基础，如物种的地理隔离形成机制等。

鸟类研究结果表明，每一种生物学现象或过程都存在着两种完全不同的诱因，即近端的（proximate）或生理学的，以及终端的（ultimate）或进化的因子。提出这种区分澄清了曾经颇有争议的许多现象的解释。迈尔在此基础上提出功能生物学和进化生物学两种不同生物学的划分。

迈尔还发现，老鹰性格暴躁而细心，容易攻击其他鸟类；戴胜鸟性格外向，喜欢热闹，容易招引天敌追杀；相思鸟性格机警，常匿于阔叶树或茂密的竹林中。不同的性格决定了不同的鸟类在生物链中的地位，有的成了捕食者，有的成了被捕食者；有的容易被天敌追杀，有的过着平稳安逸的生活。根据鸟儿性格与命运的差异，迈尔得出了结论：动物的行为决定着动物与周围环境的相互作用，因而可能影响进化；即使是同一类鸟，性格不同也会导致命运不同。[①]

和其他鸟类研究者一样，鸟类学的研究成果不仅使迈尔在生物学中有了一些重要发现，也引发了他对一些哲学概念的重新思考。种群思想在进化生物学中的作用就是一个很好的例子。在科学的历史中，实验曾一度被认为是科学研究的唯一方法，而鸟类学家却通过自己的观察，及对观察数据进行科学处理和精心对比，对这种说法进行了驳斥，表明观察同样是一种重要的科学研究方法。行为学、进化论生物学及种群生物学均为这种看法的有效性提供了丰富的证据。

可见，迈尔深厚的鸟类学功底不仅成就了他"世界级鸟类大师"的称号，而且为其在生物学的其他分支学科及生物学哲学方面的研究奠定了坚实的基础。

---

① 徐娜. 鸟儿性格影响命运. 大众科技报, 2006-05-11.

分子生物学出现后，生物学界的研究传统发生了巨大改变。更多的人选择了追随实验生物学而去，尽管传统生物学是生物学存在的基础，但由于其与现实价值观产生了一些差距，不可避免地遭遇了冷落。迈尔在这种背景下，企图通过强调鸟类学研究的重要作用，唤起人们对传统生物学的重视，从而对改善传统生物学地位起到积极作用。

二、系统分类学的研究

迈尔在鸟类学方面的研究成果与精深的造诣为他的生物分类学研究提供了坚实的基础与广阔平台。

"系统分类学"这个名词很早以前就出现了，但人们往往将系统学与分类学混为一谈。迈尔对其进行了区分。

在古希腊时代，博物学家们就已经发现，要想认识纷繁复杂的生命世界，就必须将其进行分类。那时候的分类原则是"相似性"，即具有形态上的相似性的一类生物往往被归为同一"类别"，然后再从相似中去寻找差异与联系。实际上，不同"类别"之间的联系已经超出分类的范畴了，而当时的人们并没有将差异和联系区分开来看待，经常将二者混在一起。

为了从术语上将分类学和系统学明确地区别开来，辛普森1961年重新为这两个术语下了定义。他认为"分类学"即"描述自然界的多样性并将其分类"，将"系统学"定义为"科学地研究生物的种类和多样性以及两者之间的一切关系"。这样就把系统学理解为多样性的科学，这一新的扩大了的系统学概念后来一直被普遍采用。

根据辛普森的定义可知，分类学和系统学，一个研究生物种类的多样性，另一个研究生物之间各种关系的多样性。从生物系统学的任务和研究范畴上看，它所研究和探讨的始终是与物种相关的问题。迈尔正是在这个关键的问题上，为分类学做出了贡献。

下文将根据辛普森的划分，将迈尔在系统分类学领域的贡献——呈现。

（一）分类学

由于长期从事的鸟类学研究工作与分类有着密切的联系，因此，日复一日的分类工作逐渐把迈尔磨砺成为一名有着深厚、扎实功底的分类学家。他成为目前系统分类学三大流派之一进化分类学派的创始人和主要代表人（其他两派分别是数值分类学派和支序分类学派）。

地球上现存的物种以百万计，形态各异，如果不能对其进行分类，就难以对它们有充分的认识。因此，生物学的各个分支，从古老的形态学到现代分子生物学的新成就，都离不开以形态学为基础的分类学，分类学是现代生物学的基础。

迈尔根据研究对象将分类学分为微观分类学（microtaxonomy）和宏观分类学（macrotaxonomy）。这里讨论的是研究生物分类的方法及原理的微观分类学。

分类系统是生物种类的检索系统，也是信息存储系统。通过分类系统人们可以查取某一生物的相关资料，对其有正确的认识。许多分类著作，如基于区系调查的动植物志，记述某一国家或地区的动植物种类情况，都是作为基本资料为鉴定、查证服务的。

鉴定学名是建立分类系统的重要前提。它是取得物种有关资料的手段，即使是前所未知的新种类，只要鉴定出其分类隶属，就可以预见其某些特定的性状。学名鉴定后另一项更重要的工作是区分物种，并对其进行归类。区分物种是种级和种下水平的分类，而归类是种上水平的分类。可见，物种是进行分类的基础。没有正确的物种概念，就不可能进行恰当的分类。

现代分类学之父林奈对当今最重要的贡献是使用拉丁文的双命名法和有系统的分类层级使用。林奈时代的物种概念，包含两个基本内容：①不变；②客观存在。由于物种是"上帝"所创造，因此是客观存在的，而且是不变的。迈尔认为林奈的物种按其本体地位来看是一个等级的概念，是唯名论的分类。

达尔文的物种概念与此相反，它的基本内容是：①变；②人为单元[1]。进化

---

[1] 陈世骧. 物种概念与分类原理. 中国科学（B 辑）. 1983, 4: 315–320.

论说明了物种是变的，变化中的物种否定了自身的存在。达尔文在《物种起源》中说他使用"物种"这个名词仅仅是为方便起见，是任意地用来表示一群很相似的个体的，它在本质上和"变种"没有区别。他认为物种是人为划分的单元，不可能有客观标准，更不需要定义。

林奈和达尔文的物种概念是个体概念——物种是一群相似的个体。二者之间的区别即物种的变与不变，这也曾经是进化论和特创论的斗争焦点，是势不两立的观点。然而，分类学的事实证明，每一个物种都有自己的特征，没有完全相同的物种；而每个物种又保持一系列祖传的特征，据此又可以决定其界、门、纲、目、科、属的分类地位，并反映其进化历史。

20 世纪 30 ～ 40 年代，随着群体概念的逐渐被重视，人们越来越清晰地认识到，物种不是毫不相干的个体，而是以个体集合为大大小小的种群单元而存在的，物种是种群的集团，种群是种内的繁殖单元。目前分类学上流行的物种定义是迈尔的物种定义：物种是能够（或可能）相互配育的自然种群的类群，这些类群与其他这样的类群在生殖上是互相隔离的。这个定义是以群体为单位的，它沿用了生殖隔离的标准，突出了群体概念。该定义一经提出便得到了广泛认可，目前还没有能够替代它的物种定义。

不过这个物种定义以生殖隔离作为标准，只适用于有性生殖物种。另一个比较笼统的定义"物种是生命系统线上的基本间断"，则可以适用于一切物种。这个定义虽然广泛适用，却对生物学没有实用意义。

迈尔物种概念的得出，得益于其长期从事鸟类学研究与分类工作。这个概念厘清了自达尔文以来人们在物种概念上的混乱，给出了一个明确的衡量尺度，为分类学的研究提供了相对客观的依据。

除了澄清分类单位之一"物种"的概念之外，迈尔还始终为维护分类学在整个生物学领域的地位进行努力。林奈时代的分类学研究曾经风靡一时。随着生物学各分支学科的发展，其他领域的辉煌成就使分类学的声誉迅速下降。1859 年后，达尔文的共同祖先学说使分类学在一定程度上恢复了生机。然而，好景不长，百年之后分子生物学激动人心的进展使系统学再度衰退。人们对分类学的疑问也随之而来：这样的单纯描述，既不探求定律又不力求做出概括，称得上是科学吗？很多人认为，只有建立在实验基础上的科学才是真正的科学，才值得被重视。迈尔为改变这一状况做了不懈努力，他多次强调分类学作为最基础的学科，是生物学的其他分支学科不可或缺的基础。

迈尔认为分类学永远是整个生物学的主干和基础，将现存的动植物物种列出完整的清单目录，并将其安排到恰当的分类系统中去是一项永无休止的任务。同时，他也指出，分类学发展到今天，已经不再是单纯的鉴别分类生物的科学，它的任务也不仅只是材料的收集和划分，还应当包含生物进化理论的探讨。迈尔主张从生物进化的角度来解释生物的种类形成和分布。他认为，分类的基本概念与分类系统的建立必须要以反映出生物进化的图景为原则，对于分类元的界定，如亚种和属等，更应从进化生物学的角度，而不是单从分类的角度去考虑。分类元之间的相互关系应该是一种进化的关系，而不单单是形态类似的分类关系。正是由于迈尔的努力，分类学开始了一个生气勃勃的新时代。[1]

迈尔作为一个分类学家，还提出了隔离的作用、物种形成的机制、隔离机制的本质、进化的速度、进化的趋向及进化的突现问题，为综合进化论的形成提供了解决问题的一些线索。其他综合进化论的奠基人如切特维尼可夫、壬席、杜布赞斯基、辛普森等，也都和迈尔一样，具有分类学家的历史背景。

（二）系统学

生物系统学是生物学最基础的学科之一，它系统地研究生物、生物的层次系统，在此基础上将其分类。最早由林奈将其应用于分类系统。由于其研究结果通常是为了分类，所以很多人认为二者都是描述自然界的多样性的，并对它们进行分类。"分类学"和"系统学"这两个名词经常被作为同义词看待。

根据辛普森的定义，系统学主要是研究"生物的种类和多样性以及两者之间的一切关系"，简单地说，就是研究生物之间各种关系的多样性。多样性是生物界的两个重要方面之一，但是由于 20 世纪 40 年代之前多样性的研究一般过

---

① 曾健. 生命科学哲学概论. 北京：科学出版社，2007:160.

分着重描述性或片面强调系统发育问题，所以对它的研究出现了时热时冷的状况。在林奈时代多样性的研究几乎统治了生物学，在达尔文以后建立系统发育的时期中它又曾一度高涨，随后便又被忽视了。直到 20 世纪中叶生物多样性受到重视时，人们开始意识到多样性研究其实从一开始就包括分析生活史的各个阶段及两性异形。对于动物来说，需要占有不同的生境，选择不同的食物，具有不同的行为，仅仅依据形态的不同进行分类显然不足以反映真实情况。此时系统研究就受到了重视。

在动物学中系统地介绍新系统学概念的首推壬席和迈尔。迈尔 1942 年出版的一本重要的著作《系统学与物种起源》可以看作他对系统学的贡献之一。

20 世纪后期，分子生物学等激动人心的实验生物学的进展使系统学遭遇瓶颈。系统学被认为是一种单纯的描述工作，不值得"真正的科学家"重视。迈尔严厉地批评了这些不重视传统生物学的人。迈尔认为他们根本不了解多样性研究在很大程度上是生物学各主要分支研究的基础。[①] 如果生物学局限于实验室研究，断绝了从传统生物学中不断地汲取营养，它将是一门非常狭隘、非常贫乏的学科。

（三）系统分类学

生物学的研究虽然始终密切注意分类，但过去几百年来一些一直争论不休的问题始终没有得到解答。例如，怎样分类最好？应当采用什么分类标准？分类的最终目的是什么？对于这些问题，迈尔认为最好的答案是新系统分类学。

随着种群思想的出现，新系统分类学产生了。托马斯·赫胥黎 1940 出版的《新系统学》（*New Systematics*）和迈尔 1942 年出版的《系统学与物种起源》是新系统分类学诞生的标志。其特点是：以生物学上的物种定义取代了纯形态学的物种定义，分类特征将生态学、地理学、遗传学、细胞学及生理学等因素考

---

① Mayr E. The diversity of life-The Environmental Challenge. New York: Holt, Rinehart and Winston, 1974: 20–49.

虑在内，以足够的标本为代表的种群（即一系列标本）成为基本的分类单位。大部分分类工作都在使用诸如上述生态、地理、遗传、生理等先进科学技术手段进行物种的细分，分类学家和生物学家所注意的问题趋向一致。分类学已从纯形态描述阶段发展到建立符合自然归属的分类系统阶段，即以生态、生物、形态等特征为主进行种下水平的分类阶段，达到了融合现代各类先进科学技术，使用生态、地理、遗传、生理等综合特征进行分类的新系统学阶段。

确切地说，新系统学分类是一种哲学观点。它"所研究的是生物的生物学性质而不是死标本的静态性状。它运用的是尽可能多的性状，生理学的、生物化学的、行为学的性状以及形态学性状。它采用新技术不单单是为了测量标本，而且也为的是记录它们的声音，进行化学分析，并从事统计和相关计算"①。新系统学家认为自然界中的一切生物都是种群的成员。

近百年来在物种水平及种群水平的系统分类研究方面所取得的进展，主要是鸟类学家的工作。因此，而新系统分类学的领导者很多都是鸟类学家，如哈特尔特（Hartert）、斯特雷斯曼、伦斯（Rensch）、奥尔登·米勒（Alden Miller）、迈尔等。他们在理论上和实践上的主要贡献是关于多型种的确认、亚种进化，以及将系统分类学的研究成果应用于进化论。

在迈尔看来，分类的对象是形形色色的种类，它们都是进化的产物；分类学在于阐明种类之间的历史渊源，使建立的分类系统反映进化历史。从理论意义上说，分类学是生物进化的历史总结。因此，他主张从生物进化的角度来解释生物的种类形成和分布。迈尔主张，"分类的基本概念与分类系统的建立必须要以反映出生物进化的图景为原则，对于分类元的界定，如亚种和属等，更应从进化生物学的角度，而不是单从分类的角度去考虑。类元之间的相互关系应该是一种进化的关系，而不单单是形态类似的分类关系。正是由于迈尔的努力，分类学开始了一个生气勃勃的新时代——系统分类学时代"②。

迈尔作为一个新系统分类学家，为解决很多个别的进化问题提供了主要线

① 迈尔.生物学思想发展的历史.涂长晟等译.成都：四川教育出版社，1990.
② 曾健.生命科学哲学概论.北京：科学出版社，2007：160.

索，包括隔离的作用、物种形成的机制、隔离机制的本质、进化的速度、进化的趋向及进化的突现问题[①]。他还积极参与了进化综合，其他综合进化论的奠基人，如杜布赞斯基、辛普森、切特维尼可夫、壬席等都具有分类学家的历史背景。

三、物种形成理论的研究

迈尔成功地解决了达尔文回避的一个重大科学难题：生物多样性的起源。这是其一生中的重要贡献之一。生物多样性的起源即物种形成。迈尔的物种形成理论不仅来自自己的观察与思考，还得益于达尔文、斯特雷斯曼、壬席和杜布赞斯基等人的理念。

在对鸟类长期研究的过程中，迈尔已经收集到了一些数据。起初迈尔并未意识到这些数据的重大作用，因此也并未在其著作中提及这一点。接受了达尔文的选择主义后迈尔豁然开朗，他意识到了这些数据可以帮助理解进化中地理变异及物种形成。20世纪30年代迈尔与遗传学家杜布赞斯基交往甚密，他们频繁地交流学术思想促成了迈尔异域成种理论的诞生。

迈尔在研究中发现，许多进化论者都混淆了谱系进化与物种形成这两个不同的概念，谱系进化被看作是唯一的进化过程。如果是这样，那么世界上的物种数量就会保持恒定不变。拉马克曾经试图通过自然发生来解决替代新物种的产生的问题，从而来解释灭绝现象。然而，事实证明这种想法根本行不通。

那么，新的物种从哪里来呢？迈尔从认识论上对物种进行了探讨，仔细分析了物种的形成过程及原因。1859年之后，经过60年的努力，许多生物学家认识到，研究地理变异是解决成种问题的正确途径。他们逐渐尝试接受地理或异域成种理论。异域成种理论认为，当一个群体与其亲本群体分离并获得隔离机制之后，可能会进化出一个新的物种。至今，"地理成种事件——似乎是鸟类和

① Mayr E, Provine W. The Evolutionary Synthesis. Cambridge: Harvard University Press, 1998: 238.

哺乳类唯一的成种事件模式——是研究得最透彻的一种模式。"[1]

迈尔首先分析了物种的概念，他把过去提出的物种概念归纳为本质论物种概念、唯名论者的物种概念、进化的物种概念三种。迈尔在对这些概念进行研究的基础上，提出了一个简练、准确、明晰的生物学物种定义：物种是由自然种群所组成的类群，种群之间可以相互交流、繁殖（实际的或潜在的），而与其他这样的类群在生殖上是隔离的。这个概念厘清了自达尔文以来人们在物种概念上的混乱。

迈尔区分了"谱系进化"和"物种形成"这两个概念。他把仅在时间尺度上发生变化，而并不导致物种数量的增加的现象称作谱系进化。物种形成则是指通过一个亲本物种产生出若干个新物种。现代进化论者通常指的进化就是物种形成。

通过随"贝格尔"号的航行时对嘲鸫的观察，达尔文最后得出结论：从南美大陆迁徙过来的嘲鸫已经在科隆群岛的不同岛屿上进化成三个不同的新种。迈尔把这一过程称作异域成种事件。他用图 2.1 简单明了地对二者的区别进行了解释。

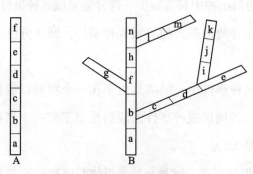

图 2.1　种系进化与成种事件[2]

迈尔认为异域成种事件过程中的基本问题是：怎样产生出生殖隔离？在研究一个鸟类物种的一系列外周隔离群体时，迈尔注意到外周的群体与连续迁徙而产生的群体之间通常有很大不同。这一结果得到了研究夏威夷果蝇物种的

① 恩斯特·迈尔. 进化是什么. 田洺译. 上海：上海科学技术出版社，2007: 160.
② 恩斯特·迈尔. 进化是什么. 田洺译. 上海：上海科学技术出版社，2007: 161.

H. L. 卡尔森、K. V. 坎土洛和 A. R. 坎普顿的证实：即使在一个具有稳定形态型的果蝇属内，迁徙到不同的岛屿或者同一岛屿的不同山脉中都会产生出形态特征各不相同的新物种。据此，迈尔提出了"奠基者成种模型"。

该模型认为，一个物种中并非所有的群体都彼此毗邻接近。因为一些障碍的存在，地理隔离将有些群体与其他群体阻隔开，这些障碍包括水域、山脉、荒漠或者这些物种不适应的其他地形。这些障碍降低甚至阻碍了有性生殖物种中基因的流动，从而使得每一个隔离的群体独立于亲种的其他群体而发生进化。隔离进化的群体叫作初始种。

迈尔是这样描述异域成种事件的："面对不同的选择压力，隔离的群体可能发生不同的遗传重组，并变得与亲种越来越不同。经过足够长的一段时期后，隔离的群体最终从遗传上变成一个新的物种。在这一过程中，可能会获得新的隔离机制，从而当障碍发生某种改变，使得新的物种可以侵入亲种区域的时候，这种机制也会阻止它们与亲种相互配育。这种情况下就产生了真正的新种。"[①]产生出来的大量初始种在达到物种层次之前或者灭绝之前，便又和亲种重新结合在一起。在隔离的初始种中只有很少一部分能完成成种事件过程。

实际上，存在着两种形式的异域成种事件，即再分区成种事件和外周区成种事件。

在再分区的成种事件中，隔离是由于在一个物种以前彼此相邻的群体之间形成了地理障碍。外周区成种事件的隔离是由于在一个亲种分布区的外周形成了奠基者群体（图 2.2）。

由于不利地形的存在，这种奠基者群体与该物种的主要部分隔离开，并且可以独立进化。事实上，外周区成种事件的重要性体现在奠基者群体很小，而且由于是由一个受精的母体或少数个体建立的，所以遗传资源比较匮乏。从统计学的角度看，新群体的基因库不同于秦中的基因库，而且很容易重建基因型，尤其是建立新的上位基因或中间基因，以及基因间的相互作用。奠基者群体还

---

① 恩斯特·迈尔. 进化是什么. 田洺译. 上海：上海科学技术出版社，2007: 162.

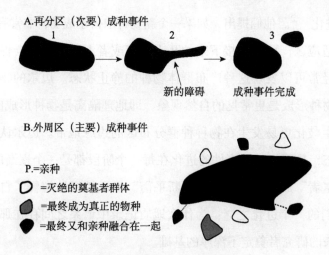

A.再分区（次要）成种事件

新的障碍　成种事件完成

B.外周区（主要）成种事件

P.=亲种

◯ =灭绝的奠基者群体

◨ =最终成为真正的物种

⬤ =最终又和亲种融合在一起

图 2.2　异域成种事件的两种形式①

将面临更大的由全新的生物环境与非生物环境带来的选择压力。所以，奠基者群体有可能会进入一个理想的状态，发生进化偏离，进入新的生态灶和适应区。②

哺乳动物和鸟类中只发生异域成种事件，但这并不否定在其他的生物类群中可能存在着其他成种事件，迈尔列出了以下几种：同域成种事件、瞬间成种事件、相邻群体的成种事件、通过杂交的成种事件、由于远离导致的成种事件（环形重叠）等。

按照成种进化理论，在物种分布边缘形成的隔离的奠基者群体会经历重大的遗传重建。这种遗传重建及随后这种新群体内的近亲繁殖将产生出某些不寻常的新基因型和新的上位平衡。大的群体显然惰性更大，不像小的、遗传上匮乏的群体那样可以终止多重上位相互作用的影响。这样的小群体不受约束，可以更远地偏离其祖先的标准性状。同时，奠基者群体要面对新的、更大的选择压力，因为它们进入了一个全新的环境。结果，这样的群体可以很快地变成另一个不同的物种。

埃尔德里奇（N. Eldredge）和古尔德（S. J. Gould）将这一过程称作"通过

---

① 恩斯特·迈尔. 进化是什么. 田洺译. 上海：上海科学技术出版社, 2007: 163.

② 恩斯特·迈尔. 进化是什么. 田洺译. 上海：上海科学技术出版社, 2007: 164.

间断平衡的进化"①。他们提出，如果一个新物种取得了成功，非常有效地适应新的生态灶或适应区，可能在接下来的几十万年或者上百万年都会保持不变。在化石记录中经常可以发现这种广布群体物种的静止状态。迈尔的物种形成模式认为异域的物种形成是更常见的自然现象，即地理隔离是物种形成的重要条件，而且物种产生歧化更易发生在物种种群分布区的边缘地带。迈尔认为化石中物种的静止状态，是因为成种事件的进化在每一个阶段都是一个逐渐的群体过程。迈尔的"奠基者"成种模型加上"间断平衡"学说较好地解释了自达尔文以来一直困扰人们的一个进化之谜：为什么地质记录中谱系之间存在那么多缺失的环节，为后来的研究者奠定了深厚的基础。

四、进化理论的研究

进化是如何发生的？迈尔为了解决达尔文遗留下来的这个问题，对生物进化的现象做了系统研究，并且得出了惊人的研究成果。这为他赢得了"20世纪的达尔文"的盛誉。

对达尔文进化理论的研究显然是迈尔的研究重心。迈尔将达尔文的进化理论分解为五个独立的部分，重新阐释了达尔文的进化理论，澄清了多年来人们对达尔文进化理论的怀疑及误解。笔者将迈尔对达尔文理论的研究放在了本书的第三章。

迈尔在进化领域所做的研究，除了对达尔文进化理论的阐释外，还强调了自然选择过程中的创造性因素。对于有性生殖的个体来说，每一个新个体的产生都是一种全新的基因组合，并将接受自然选择的考验。在生物进化过程中，有性生殖通过遗传重组起到了创造性的作用。迈尔还提出了宏观进化与微观进化的概念。一般认为物种层次及物种层次以下的进化称为微观进化；物种层次以上的进化称为宏观进化。微观进化是多样性的来源。宏观进化是一种遗传剧变。

此外，迈尔对达尔文的进化理论还进行了拓展。他早期在进化论和遗传学

---

① Eldredge N, Gould S J. Punctuated equilibria: an alternative to phyletic gradualism// Schopf T J M (ed.). Models in Paleobiology. San Francisco: Freeman, Cooper, and Co., 1972: 82–115.

方面的兴趣促使他对现代综合进化论做出了决定性贡献。在进化论综合之前，遗传学家关心自然淘汰怎样使有机体适应环境，而博物学者则考虑物种形成的过程和原因。他们形成了两个不同的阵营。杜布赞斯基1937年引起了博物学家和遗传学家之间的首次交流。进化论综合的其他"建筑师"在杜布赞斯基的基础上拓宽了道路。迈尔1942年的著作《系统学与物种起源》在很大程度上促进了进化论综合的进行。

迈尔对进化论综合的特殊贡献在于，他对生物学物种本质和生物多样性起源的分析，使物种问题成为进化生物学的核心问题。进化论中，物种形成和其他过程不是简单的基因的事情，而是群体和物种的问题。迈尔解释了大量为博物学家所知而遗传学家不了解的进化理论。尤其是物种和物种形成及群体和物种进化过程中地理的角色。他依据达尔文的渐变理论从明显不同的亚种和明显不同的生物学物种之间的不同角度讨论了群体问题。

由于迈尔和杜布赞斯基注意到，小的突变和自然选择在群体进化中适应性的渐进过程中扮演着主要角色，这就使三个遗传学方面的问题被普遍接受了：①不存在获得性性状的遗传；②亲本的基因不是融合的，而是保持独立的，在后代中可能有不同的结合；③大部分突变是非常小的，因此进化是渐进的。这样就解决了进化生物学中两个主要问题之一：导致线系进化（像自然选择之类的进化，或类似的）的遗传学的改变与选择的要求之间的相互作用。迈尔称之为"费希尔综合"的历史性的实现。进化的另一个主要问题，物种繁殖引起的多样性的起源，在进化论的综合（1937～1950年）（第二次达尔文革命）期间得到了解决。

迈尔总结的引发进化综合的事件如下[①]。

19世纪晚期，包括进化学家在内的实验生物学家与以全部生物为研究对象的博物学家（大多数动物学家、植物学家和古生物学家）之间出现了一道鸿沟，

---

① Mayr E. The Growth of Biological Thought: Diversity, Evolution and Inheritance. Cambridge: Harvard University Press, 1982: 535-570.

二者都对进化感兴趣，彼此却很难沟通。博物学家通过群体进行多样性及其起源和意义的研究，系统学家对物种问题感兴趣，古生物学家研究进化的趋势及较高分类的起源。相比较之下，与基因打交道的遗传学家聚焦于群体内进化的改变、转变的进化，漠视多样性、分类的起源。1900 年孟德尔定律被重新发现后，贝茨（Bateson）和德弗里斯（de Vries）提出了类型突变主义（不连续变异）作为物种起源的一个解释，给博物学家以深刻的印象。他们强调逐渐变异和物种形成（即非同域又非异域的）。博物学家继续相信软遗传，但是承认自然选择是一种主要的进化力量。

20 世纪的前十年中，两个团队的优势造成了两个对立阵营的和解。如迈尔所指出的，群体遗传学家认为：①不存在软遗传；②重组和小的突变是群体中遗传变异的重要来源；③持续的表型变异与颗粒遗传并不冲突；④自然选择是有效的进化原因（Fisherian 综合）。博物学家的群体系统学存在于 19 世纪早期，20 世纪早期对鱼、蛾、老鼠的新的研究很容易被转变成了群体遗传学。博物学家研究"系列"，如种群样本、种群的地理梯度、对适应变异进行数据分析、研究地理性的物种形成。[①] 当一小群北美和欧洲大陆的进化论者能够消除误解，在不同领域之间搭建桥梁时，进化综合（1937 ～ 1950 年）的短时期内遗传学家和博物学家协调了他们的不同观点。这些"建筑家"在还原论者的群体遗传学家的基因频率方法与博物学家群体思维方式（尤其是物种的研究及其变异）的鸿沟间搭建桥梁，填补了这一鸿沟。主要的建筑师有杜布赞斯基、迈尔、辛普森、托马斯·赫胥黎，以及德国、俄国的少数工作者。[②]

1947 年 1 月在普林斯顿召开的国际会议中，与会的遗传学家和博物学家在进化（包括变化的速率）的渐进性（持续性）、自然选择的重要性及多样性起源的群体方面达成了普遍共识。真正的综合在两个如此不同的研究领域发生了。[③]

① Mayr E. Animal Species and Evolution. Cambridge: Harvard University Press，1963：176.

② Mayr E. The myth of the non-Darwinian revolution. Biology and Philosophy,1990,5(11): 85–92.

③ Jepsen G L,Mayr E, Simpson G G(eds.). Genetics, Paleontology and Evolution. Princeton: Princeton University Press, 1949: V–X.

当时保留下来不同意见一直保留到 20 世纪 80 年代，包括选择的目标问题，群体遗传学家认为是基因，而博物学家坚持认为是作为整体的个体。

1974 年 5 月和 10 月，在美国科学促进会（American Association for the Advancement of Science，AAAS）的支持下，迈尔邀请了大量的前沿进化生物学家参加了两个讨论进化综合的起源及历史进程的会议[①]。发表的会议记录很重要，然而只代表了这个时期研究的一个开始，大量的问题仍然悬而未决[②]。例如，北美和欧洲的每个"建筑家"扮演着什么特殊角色？哪个见解或者哪个特殊现象导致了一致意见的达成？

进化论综合的开始是以杜布赞斯基的《遗传学与物种起源》（1937）为标志的。杜布赞斯基在其中讨论了群体遗传学、自然群体中的变异、选择、隔离机制及物种作为一个自然单位。该书提供了遗传学家与系统学家之间的桥梁。杜布赞斯基在苏联是一个昆虫分类学家，结合了他在该领域的知识与他在摩尔根实验室作为一个实验遗传学家的经验。近期的历史研究显示，进化论的综合不局限于英美范围内，而是一个国际过程。在此过程中不仅壬席，而且几个其他的欧洲遗传学家和系统学家在德国参加了，尤其是 E. Baur、N. Timofee-Ressovsky、W. Zimmermann。[③]N. Timofee-Ressovsky1925 年将苏联的群体遗传学引入了德国，正如杜布赞斯基 1927 年将它带进北美一样。

进化论的综合取得了很大的成功，是达尔文进化理论的成熟及工具化的一个主要阶段，是 1859 年《物种起源》发表后进化生物学史上的一个决定性的事件。然而迈尔认为，进化论的综合并未完成，因为它没有包括分子进化、比较基因组、进化发育生物学或系统发育学等地球上生命史的细节[④]。还有一些问题尚未解决，比如，尽管博物学家一再申明，选择的目标是作为整体的有机体个体，但对于遗传学家来说，他们仍然认为选择的目标是基因。迈尔指出，基因

① Mayr E. Provine W. The Evolutionary Synthesis. Cambridge: Harvard University Press, 1980, 320.

② Mayr E. The Growth of Biological Thought: Diversity, Evolution and Inheritance. Cambridge：Harvard University Press, 1982: 5.

③ Mayr E. Thoughts on the evolutionary synthesis in Germany// Junker T, Engels E M.Die Entstehung der Synthetischen Theorie: Beiträge zur Geschichte der Evolutionsbiologie in Deutschland 1930–1950. Berlin: Verlag für Wissenschaft und Bildung, 1999: 19–30.

④ 迈尔. 生物学思想发展的历史·绪论. 涂长晟等译. 成都：四川教育出版社，1990: 568.

永远不可能单独隔离出来，被选择的不能只有基因本身。正如他批判"豆袋遗传学"时的论点一样，事实上，选择有三种可能：一种是可以直接被选择的配子，另一种是个体，还有一种是包含着个体合作的特定的社会群体。

迈尔深信，进化论演绎推理的现存框架体系是不可动摇的，但他并不认为这一体系已尽善尽美，它还需要进一步细致地分析，特别是在把这一理论同在基因及它们在发展中互相作用结合方面，还可有很大的进展。

第二节　生物学史基础

迈尔的生物学史思想不只是建立在生物学基础上，早期的生物学史基础也是他独特的生物学史思想形成的一个重要因素。

一、早期的生物学史研究

迈尔早期在史学方面的研究涉及范围比较广，有鸟类学、进化论、系统学及物种起源等，此外，迈尔还尝试了对生物学家的研究。

（一）鸟类学

迈尔最早的史学方面的工作不是因为要研究历史，而是出于分析某些鸟类问题的需要。他的博士论文是一篇关于金丝雀的分布范围的文章[①]。其中，他用一整章的篇幅讨论了这个物种早期发生的历史及其特殊的栖息地的情况。这是他的第一篇有关生物学史的文章。在其他一些讨论中，迈尔还曾经透露了要写关于"未换羽的鸟类羽毛颜色转化的历史"的论文的计划。这个论题虽然几十年后被证明是无意义的，但当时却引发了鸟类学家们的兴趣。

在迈尔 1927 年的笔记中，曾发现了关于"世界鸟类探索的一个历史性的调查"的记录，其中提到了布丰关于生命的极性起源、波状传播等，还有洪堡、赖尔（C. Lyell）、斯玛特、瓦格纳、达尔文等一些学者的著作。这些著作经常

---

① Mayr E. Die Ausbreitung des Girlitz (Serinus canaria serinus L.). Journal für Ornithologie, 1926, 74: 571–671.

被迈尔引用。这也意味着迈尔对生物学史的兴趣要追溯到 20 世纪 20 年代中期，那时他还是斯特雷斯曼的学生。斯特雷斯曼的兴趣十分广泛，包括鸟类发展的历史，这在一定程度上也影响了迈尔。[①]

迈尔在 1929 年到新泽西探险的笔记中列出了他早期的一个多年研究计划，即在返回德国后要检验关于柏林附近鸟类的分布理论。不过这个计划当时并未实现。20 世纪 30 年代早期在纽约的时候，他与林奈社团成员的年轻野外鸟类学家合作，才重拾这个主题。[②] 结合这项工作，他于 1935 年完成了一篇高标准的史学论文《Bernard Altum 与区域理论》。

（二）进化论

冯·齐默尔曼（E. A. W. Zimmermann, 1743—1815）的著作 *History of Evolution* 一出版就吸引了迈尔的注意，书中介绍了现代进化论综合的历史是如何被描述及呈现给人们的，这也是他后来的历史巨著《生物学思想发展的历史》[③] 的一幅蓝图。同时，他阐明了为什么他认为进化论的综合真正是一个综合："如果我要写这个领域的历史，我将试图去展现在这个硕果累累的领域这次综合是如何最终成熟并被认可的。在介绍达尔文之前时期的章节中，我将致力于《物种起源》是如何激发生物学中的一个前所未有的大量事实的收集及理论的建立的……几乎每个理论都是部分正确、部分错误的，通过抛弃那些错误的部分，综合理论就变成可能的了，现在几乎被所有的进化学家所接受。"

（三）系统学及物种起源

1946 年费城自然科学学会因迈尔的《系统学及物种起源》（1942）一书而授予他 Leidy 奖。迈尔在他的发言词中，比较了 19 世纪与 20 世纪博物学家的工作。他说，百年之前，博物学大部分是描述性的和分析性的，是用大量事实堆积的。现在一些"怎么样"和"为什么"的问题经常被提出来。博物学家也尝试着去

① Haffer J. Ernst Mayr—bibliography. Ornitholog Monogr, 2005, 58: 41.
② Haffer J. Ernst Mayr—bibliography. Ornitholog Monogr, 2005, 58: 109.
③ Mayr E. The Growth of Biological Thought: Diversity, Evolution and Inheritance. Cambridge: Harvard University Press, 1982: 167.

解释搜集的事实，并将它们与相邻学科（如动物地理学、生态学、遗传学、行为学等）联系起来。迈尔首次提出博物学家的"无维物种"和存在于同一区域、同一时间的无杂交实体，并号召将注意力放在从形态学物种概念到生物学物种概念的转换上。物种分类是二维的，通常是多分类的（物种和亚种）。异域形成对于分类学处理问题有困难，但是对于解决地理性物种形成是有帮助的。在对遗传学编史学的评论中，迈尔强调了博物学家 – 系统学家在孟德尔与群体遗传学时期的贡献[①]，在1982年的著作中又重新从细节上讨论了这个问题。迈尔还在他的著作中分别对动物个体和地理变异的历史进行了研究[②]。

（四）生物学家

在研究了昆虫学家乔丹关于生物的物种和物种形成的理论观点之后，迈尔撰写了两篇关于乔丹的文章[③]，讨论了当时主流的系统学的趋势，改进了生物学物种概念和地域性物种形成理论。《乔丹对现代系统学和进化理论的现代概念的贡献》一文，是迈尔研究生物学家的最初尝试，该文展示了系统学家为进化理论的综合做出的巨大贡献。遗憾的是，乔丹把他的大部分理论作为昆虫学巨著的一部分发表了，而没有将其以独立的论文形式发表。

1900年左右，乔丹曾与很多生物学家讨论物种形成的模式、自然选择的存在、拟态及多样性的意义。研究了乔丹为此所做的工作后，迈尔对他充满了敬意。"乔丹的工作在生物学史上非常重要。因为他在1890～1910年发展了许多被人认为在进化论综合的早期或者稍后提出的概念，有时候一些人将这些成就归功于我，这让我很不安，我急于让大家知道，乔丹才是首创者。"[④]

[①] Mayr E. Review: the recent historiography of genetics review of origins of mendelism by R. C. Olby. Journal of the History of Biology, 1973, 6: 125–154.

[②] Mayr E. Systematics and the Origin of Species. New York: Columbia University Press, 1964.
Mayr E. Comments on evolutionary literature. Evolution,1949,3:381–386.
Mayr E. Animal Species and Evolution. Cambridge: Harvard und University Press, 1963.

[③] Mayr E. Karl Jordan's contribution to current concepts in systematics and evolution. The Transactions of the Royal Entomological Society of London,1955, 107: 45–66.
Holmes F L(ed.). Dictionary of Scientific Biography. vol.17. supplement Ⅱ. New York: Charles Scribner's of Sons, 1959: 454–455.

[④] Mayr E. Karl Jordan's contribution to current concepts in systematics and evolution. The Transactions of the Royal Entomological Society of London ,1955,107:66.

1958 年，迈尔受哈佛大学图书馆布告的编辑柯垂尔（G .Willian Cottrell）的
邀请，准备了一篇关于哈佛大学比较动物学博物馆的奠基者与领导人路易斯·阿
加西（Louis Agassiz，1807 ～ 1873）的评论。阿加西是达尔文主义的反对者。[①]
这是迈尔唯一一次为反对达尔文主义的学者写传记。

迈尔分析了阿加西理论的形成原因。阿加西于浪漫主义流行时期在瑞士和
德国接受的教育，接受的是大量的形而上学的方法，尤其是柏拉图的本体论。
决定其思想的有四个主要的概念：①宇宙的理性规划；②类型学思想；③不连
续主义；④进化的个体发育概念。

随着时间的逐渐改变，物种从一个类型转变为另一个类型，这对于阿加西
来说是那么不可想象，以至于根本就没有进入他的脑中。迈尔认为，阻止阿加
西成为一个进化论者的不是宗教的顾虑，而是一种不能与进化主义结合的思想
框架。

迈尔在早期与历史相关的研究中发现，相对于对已发生事件的编年史来说，
追溯生物学家的思想是一件更有意思的事情。这个观点影响了迈尔之后的生物
学史研究思路。

二、进化史研究兴趣形成

1959 年的达尔文年对迈尔的第三次学术生涯是非常重要的，促使他成为一
个生物学史学家和生物学哲学家。尽管这个转变在他 1953 年到哈佛大学的时候
就已经开始，但 1959 年是他正式从事进化论研究的起点。

在 1959 年《物种起源》出版百年纪念之际，迈尔正式开始进化论发展史的
研究工作。当年 4 月在美国哲学学会年会期间组织百年学术讨论会时，迈尔做
了几个方面的历史研究，发表了《隔离——作为进化的机制》[②]《达尔文与生物进

① Mayr E. Agassiz, Darwin, and Evolution. Harvard Library Bulletin, 1976, 13: 165–194.
② Mayr E. Isolation as an evolutionary factor. Proceedings of the American Philosophical Society, 1959, 103:221–230.

化理论》①《阿加西、达尔文与进化》②《进化新事物的出现》③等文章。从他写给霍尔丹（J. B. S. Haldane）的信中可以看出，迈尔当时为达尔文理论的传播认真地做了很多工作："看起来在 1959 年没人给我们这些可怜的进化学家一个偷懒的机会。从一个进化会议到另一个进化会议，我感觉像旧时的轻歌舞剧的表演者，从一个集会到另一个集会，从一个集市赶到另一个集市。至少表演者有给新观众展示同样把戏的优势，而我每次要说些新的东西，因为我说的每个字都将会发表。"

迈尔提出了一个对进化论先驱关于地理隔离重要性的历史分析，指出他们哪些是正确的，哪些又坐失良机了，为什么和现在看起来一致。这是一种思想观念的发展史。在对待这个问题的态度上，达尔文、华莱士（A.R. Wallace）和魏斯曼极度轻视隔离的作用，而莫里茨·瓦格纳（Moritz Wagner）却认为隔离对进化的发生是一个不可忽视的因素。

在对这个论题进行研究的时候，达尔文的笔记仍是不为人知的，直到后来被发现时，人们才发现其实达尔文在 1837 年至 20 世纪 40 年代是支持物种形成的④。迈尔起先对达尔文的趋异理论的评论是犹豫不决的，后来才逐渐接受了⑤。对线系进化与物种的繁殖（通过种群的地理隔离）做明显区分的第一人是鸟类学家西朋（Henry Seebohm），他以详尽的现代方式讨论了这些问题。物种是一个杂交的社会团体，这一概念于 1900 年左右在博物学家和系统学家之间普遍流行起来。此后不久遗传学家贝特森（Bateson）和德弗里斯（de Vries）的不连续变异观点导致了实验生物学家与博物学家之间的分裂，二者之间的桥梁只能是1930 ～ 1940 年的进化论的综合。对于物种形成来说，地理隔离在目前被认为是联系自然选择与突变的一个重要的分界条件，而不是早期一些学者们认为的那

① Mayr E. Darwin and the evolutionary theory in biology// Meggers B J(ed.). Evolution and Anthropology: A Centennial Appraisal. Washington, D. C: The Anthropological Society of Washington, 1959: 3–12.

② Mayr E. Agassiz, Darwin, and Evolution. Harvard Library Bulletin 1959,13:165–194.

③ Cottrell G W. Ornithology from Aristotle to the Present by Stresemann. Cambridge: Harvard University Press, 1975: 365–396, 414–419.

④ Sulloway F J. Geographic isolation in Darwin's thinking: the vicissitudes of a crucial idea. Studies in History of Biology, 1979, 3:23.

⑤ Mayr E. Darwin's principle of divergence. Journal of the History of Biology, 1992, 25: 343–359.

样是与这些因素竞争。

1959 年左右，迈尔对达尔文所做的研究使他发现，关于达尔文的进化理论有很多含混之处，这激发了他对进化史研究的兴趣，此后一发而不可收。

三、生物学史研究高峰

1970 年，迈尔辞去比较动物学博物馆馆长的职务，正式开始他在生物学思想史方面的工作，即《生物学思想发展的历史》的写作。正像迈尔在给斯特雷斯曼的信中提到的那样，他忙于生物学思想史的研究，并且希望到 1975 年 7 月 30 日退休时能够完成手稿。

在撰写这部巨著期间，迈尔还发表了几篇关于拉马克的评论文章[①]、两篇遗传学史的书评[②]、一篇美国鸟类学的历史调查[③]、一篇对进化史的简要回顾[④]。另外，迈尔还为促进"达尔文产业"的发展写了几篇文章，1974 年组织了两次会议讨论进化论综合的历史。

1973 年，对近期遗传学编史学的评论中，迈尔强调了博物学家在孟德尔与群体遗传学时期的贡献。在《生物学思想发展的历史》一书中他又重新从细节上探讨了这个问题。

斯特雷斯曼 20 世纪第二个十年在柏林时已经对鸟类的历史感兴趣了，并经常在该领域发表文章。1945 年后，由于政治及战后的状况，其他方面的研究非常困难，他将注意力转移到历史题材上，1946 年在给迈尔的信中提及要准备写一篇关于鸟类发展的当代风格的论文。当时牛津大学出版社计划出版一套 "the Bird Student's Library" 丛书，迈尔作为编者邀请他将论文收入丛书中，然而这一计划并未成为现实。斯特雷斯曼的巨著后来于 1951 年在德国出版。从那时起，迈尔就试着出版一本英文版的，最终在 1975 年实现。美国鸟类方面的内容在书

---

① Meggers B J. Evolution and Anthropology: A Centennial Appraisal. Washington, D. C.: The Anthropological Society of Washington, 1959: 3–12.
② Mayr E. Agassiz, Darwin, and evolution. Harvard Library Bulletin, 1959,13:165–194 .
③ Tax S. The Evolution of Life: Evolution after Darwin. vol. 1. Chicago: University of Chicago Press, 1959: 349–380.
④ Mayr E. The study of evolution, historically viewed. Special Publs Acad nat Sci Philad, 1977, 12: 39–58.

中所占的比例相对较小，迈尔写了一个名为"美国鸟类学史料"的结语。^①他在其中介绍了美国国家历史博物馆的历史及北美其他研究中心和研究基地、鸟类社会的作用、鸟类的业余爱好者、美国鸟类期刊的历史和技术的标志，如鸟类的指环和相片等内容。

1976 年，费城自然科学学会举行了一个特殊的学术讨论会，庆祝美国成立 200 周年。迈尔应邀做一个关于进化论研究的历史回顾^②。1800 年前没有提出进化理论，当时流行拉马克主义。迈尔说，长期被延误的主要原因在于创世论及类型学本体论的哲学思想，这种思想主张世界由混合的不连续的本质所构成。这些信仰最终逐渐被 17 ～ 18 世纪的博物学家的观察及启蒙时期哲学思想的解放所暗中消解了。

迈尔指出，进化是"适应的改变及生物群体多样性的改变"。适应和物种形成是进化的主要元素，体现了进化的双重特性。广泛流传的关于进化是"群体中基因频率的转变"的概念^③是不可接受的。因为它是指进化的结果，一些个体优先复制成功的直接产品。迈尔还在文中承认他使用了这个概念许多年。

1982 年，《生物学思想发展的历史》问世，书中包含了迈尔一生对生物学各种思想的思考，代表了迈尔在科学史研究中的最高水平，是这位 20 世纪伟大的生物学家一生毫不懈怠地致力于工作的最好见证。此外，迈尔创作该书时的写作态度也值得一提。迈尔曾说他的书是为这些人写的：首先是那些想知道更多进化知识的人，无论他是否是生物学家；其次是接受进化论但却对达尔文主义持保留态度的读者；最后是那些反对进化论的人，由于宗教上的原因，这类人在西方社会有很大的代表性。他说他不期望改变这些读者的观点，但却要向他们表明，进化论奠基在一套强有力的证据基础之上，所以它对创世说的反驳是严肃、慎重的。这一写作态度令人敬重。

---

① Cottrell G W. Ornithology from Aristotle to the Present by Stresemann. Cambridge: Harvard University Press, 1975: 365~396, 414~419.
② Mayr E. The study of evolution, historically viewed. Speical Publs Acad nat Sci Philad, 1977, 12: 39~58.
③ Haffer J. Ernst Mayr—bibliography. Ornitholog Monogr, 2005, 58: 269.

第三节　生物学哲学基础

生物学作为研究生命现象及其发生、发展规律的科学，从诞生之日起就涉及许多哲学问题，并且随着生物科学研究的不断深化，又相继涌现出新的更多的理论问题，要求从哲学的高度予以澄清和解答，而哲学作为研究整个世界最一般规律的科学也应当承担起这样一份重大的历史责任。生物学理论的进一步发展呼唤深层而凝重的哲学思索，而哲学实现与生物科学的联合与对接也为丰富和拓展传统哲学的思维界面提供了一个极好的契机。在这种情况下，迈尔的生物学哲学诞生了。

作为一名生物学家，在 20 世纪三四十年代，迈尔在综合进化论的理论建构中充当主要设计者的角色。作为一名哲学家，他试图使传统哲学从单纯物理科学的影响中摆脱出来，从而建立一种新的综合当代各门生物学成果的新生物学哲学。他在被一些评论家称为"史诗般的伟大巨著"——《生物学思想发展的历史》一书中指出："需要一种新的生物学哲学。这种新哲学将把功能生物学关于控制论、功能、组织的观点和进化生物学关于群体、历史程序、特异性、适应的概念这两方面都包括进来和综合起来。"他实际上就是强调生物学自主性的哲学。他的新的生物学哲学的一些原则包括：

1）物理科学不是科学的合适标准；

2）规律在生物学中的作用是很小的；

3）科学进步主要是新概念或原则的发展；

4）远因的研究与近因的研究同样重要；

5）新生物学哲学与后现代主义合流。

迈尔的《生物学思想发展的历史》包括了有关生物学研究思想和方法论，具有明显的科学哲学倾向。这是一部具有迈尔典型的编史学研究特征的"疑问式史书"。一般书写历史总要包括时间的界限、朝代的更替、历史事件的影响等，所强调的是历史的承接性。而人类所从事的各门学科（包括自然科学、社会科学、人类科学）研究本身的历史却各不相同，这取决于学科自身的规律性。

迈尔把生物学史扩展到生物学思想发展史，目的是描述生物学在人类文明土壤中生长的过程。他把整个生物学史分为三个方面：生命的多样性、进化、变异及其遗传机制。这三个方面不仅仅是简单的后者代替前者，而是出现顺序的先后，其基本内容和研究领域，随着认识的深入，至今还是生物学家们探索的焦点。生物学历史上三方面的内容相互融合、相互补充、相互促进，才能使今天的生物学有如此宏大的规模。书中有很大的篇幅涉及众多领域未见结论的问题，即当代生物学研究的前沿问题，这些问题既是对生物学发展方向的预见，也是为生物工作者们所提供的课题，如在神经生物学、分子生物学、遗传学、生态学、行为等领域。所有这些课题使我们很自然地同时又是理性地联想到未来世界的模样，如同当今物理学繁荣给人类进步带来的巨大变化，随着生物科学家们在各个领域的不断突破，未来生物科学的繁荣时代指日可待。

一、哲学思想的来源

迈尔之所以在生物学哲学方面取得卓越成就，除了他扎实的生物学基础外，家庭环境对他的影响是不可忽视的。迈尔从小生活在一个被哲学氛围笼罩的家庭环境中，在其父母那里哲学被赋予很高的地位。迈尔的父母家中有一个很大的家庭图书室，哲学方面的书籍放满了好几个书架。虽然迈尔的父亲是个法理学家，但他主要的兴趣却在历史和哲学方面，对德国哲学家康德、叔本华和尼采尤感兴趣。一位被全家人认为对哲学最有天赋的姑姑也长期生活在他家。所以，相对于家中其他人来说，迈尔与哲学的接触是相对较少的。在其父母家生活的时候，除了黑格尔之外，迈尔并没有读过其他哲学家的任何一本著作。然而，由于德国文化传统的耳濡目染及家庭氛围的不断熏陶，迈尔从小就习惯用一种深刻的哲学眼光来看待整个自然。人类在自然界中的位置是他年轻时经常思考的问题。这类问题考虑得越多，就越看到只有一个解决办法：人和动物形成一个团体！这是所有生物法则和知识的一个绝对必要的结果。这样，他终于给他的世界观打下了一个基础。

迈尔真正接触到哲学，是在他准备博士学位考试的时候。在柏林大学，一个人要想拿到博士学位，就必须通过哲学考试。那时候迈尔选修了哲学史，参加了康德的《纯粹理性批判》的研讨会。迈尔认为，他实际上并不了解多少哲学知识。他考试的通过在很大程度上有一些运气的成分在里面。因为允许自己划定想被测试的哲学分支，迈尔就选择了自己比较熟悉的实证主义。由于准备得充分，迈尔以 A 的优异成绩通过了哲学考试。

通过对哲学的学习，年轻的迈尔得出了一个结论：传统的科学哲学几乎不包括生物学。迈尔认为对生物学贡献最大的哲学家要数杜里舒和柏格森。他去新泽西探险的时候带的书都是这两个人的主要著作。晚上不需要忙着处理鸟类标本的时候，迈尔就读这些书。然而，到结束探险回到德国的时候，迈尔已经转变了观念，他认为杜里舒和柏格森两人都是活力论者，很多观点他都不能接受，尤其是二者认为哲学可以建立在超自然的力量上，迈尔对这种思想非常怀疑。①

此外，迈尔对基于逻辑学、数学、物理科学的传统科学哲学同样感到失望。传统科学哲学受笛卡儿的影响很深，以至于"生物体只是机器"这样的论点成了名言。让迈尔感到同样失望的还有突变论等观点。这时的迈尔陷入了无限的迷茫之中，他该选择哪个方向呢？

其后的 20 年左右，迈尔集中精力于鸟类学和分类学的研究，或多或少地忽略了哲学。直至他在理论系统学和进化生物学领域进行研究并取得一定成就的时候，对生物界的许多与众不同的现象产生了一些看法，这时才又回到了哲学领域。事实上，系统学和鸟类地理学方面的大量工作经验与迈尔后来生物学哲学思想的产生有着必然的联系。

作为新成立的杂志 *Evolution* (1947 ~ 1949 年) 的总编，迈尔保持着与许多生物学家工作上的联系，同时，他更详细地思考基本的历史与哲学方面的问题，也因此与其他生物学家进行着交流与讨论。

---

① Mayr E. What Makes Biology Unique? Considerations on the Autonomy of a Scientific Discipline. New York: Cambridge University Press, 2004: 2.

迈尔在 1949 年 10 月 20 日给导师斯特雷斯曼写的信中，评论了物种形成概念的成熟过程，批评了以数学家罗素（B. Russell）和伍杰（Woodger）为代表的"数理逻辑学派"。迈尔认为他们现在正在努力以严格的静态形式主义哲学侵入生物学，而人们对这样的哲学家寄予了很大的期待。他们否认物种的存在，少数生物学家受他们的影响，也想让生物学"回归自然"，这些都使迈尔感到强烈不满。

20 世纪出版了几本冠名为"生物学哲学"的书，如鲁斯（M. Ruse）1973 年出版的 *Philosophy of Biology*、基切尔（P. Kitcher）1984 出版的 *Species Philosophy of Science*、罗森伯格（A. Rosenberg）1985 年出版的 *The Structure of Biological*、索伯（E. Sober）1993 年出版的 *Mathematics and Indispensability* 等，迈尔认为，这些书仅仅在某些部分上适合"生物学哲学"这个题目，属于笛卡儿主义。它们的共同点在于，都是用与物理哲学相同的认识论来处理生物学的问题和理论。迈尔认为太多物理学哲学的方法论被生搬硬套到了生物学哲学中，想在其中寻找一些适合活生生的生物世界的理论是徒劳的，也是根本不可能的。

迈尔因此产生了强烈的愿望，必须要脱离物理哲学的束缚，形成一种真正适合生物学的哲学。同时，迈尔也意识到他在哲学方面的背景是不足的，因此他选择了先完成系统学、进化生物学、生物地理学及生物学史方面未竟的研究，在此基础上再考虑写一本生物哲学方面的书。

在着手《生物学哲学》的写作之前，迈尔已经做了一些基础性的研究。在将近 20 年的时间内，迈尔已经写了许多涉及生物学哲学方面的文章。这为他在生物学哲学领域奠定了良好的基础。

二、生物学哲学思想

近代科学产生后，人们把自然界划分为有机界与无机界，认为两者是并行关系，强调生物学的研究对象是有机界，这种看法蕴含着生物学自主性的思想萌芽。后来随着经典力学不断成熟、20 世纪物理主义的盛行，不可避免地波及科学哲学领域。作为哲学家，长期以来，迈尔一直倡导建立一门新哲学，一种综合当代各门生物学成果而又摆脱传统的科学哲学影响的新哲学。然而，生物学的概念结构是否已经足够完善，足以独立构成科学哲学的一部分？生物学哲学本身的建立已经达到什么程度？对于这些问题，在仔细分析过后，迈尔认为，生物学中还存在着大量的混淆概念至少是模糊概念，只有当这些概念大部分得到澄清之后，才能建立令人满意的生物学哲学。迈尔撰写《生物学哲学》一书的初衷正是在澄清概念上做出一些贡献。

迈尔的主要哲学思想可以概括为以下一些基本理念：物理科学不是科学的标准范式；对于绝大多数高于细胞阶层的系统阶层来说，个体是特异的，个体形成了以变异为主要特征的群体；生命系统复杂模式是按照阶层系统组织起来的，新事物的产生是阶层等级系统中较高等级的特征；应该充分考虑有机体的历史性质，特别是考虑它们具有从历史上获得的遗传程序；在生命科学中，历史叙述比定律解释更重要；解释和预言在生物学中是不对称的；概念或原则的发展是生物学进步的重要象征；有两种生物学，即提出近因问题的功能生物学和提出终极原因问题的进化生物学；生物学家运用所谓的目的性语言是正当合理的，"目的论的提问的启发（探索）意义使它成为生物学分析的强有力工具"[1]。

迈尔坚持生物学的自主性并不意味着他赞成活力论、直生论或者其他与化学或物理定律相冲突的理论[1]。可以看出，在当代生物学哲学争论的两大派别中，迈尔毫不犹豫地站在了自主论的一边。作为一名研究宏观领域生物问题的生物学家，迈尔深切地体会到生物学特别是进化生物学有其独特的研究传统和概念框架，所以他特别反对物理主义、本质主义和还原论。在总结生物学的特点和思维方法的过程中，迈尔提出了许多有独到见解的新思想，其中不乏真知灼见。但我们应看到迈尔的一些思想也只是一家之言，在反对物理主义的过程中，他的一些论据和结论是值得商榷的。

20 世纪 50 年代迈尔进入哈佛大学后，开始对进化生物学问题进行研究，而同时期分子生物学备受青睐，几乎所有可用的研究基金都被用来建设分子生物学

① 李建会 . 国外生命科学哲学的研究 . 医学与哲学，2004, 12: 12-16.

学科。传统生物学开始丧失领地。迈尔 1961 年成为美国系统与进化生物学领域的发言人后，批评了美国科学领域常见的不平衡状态。例如，哈佛大学 8 个退休生物学教授职位中的 7 个被分子生物学家取代，传统生物学领域的任何一个都难以吸引有前途的学生，整个领域，尤其是无脊椎动物方面的专家大为减少。

看到这种状况，迈尔写了一篇社论《新生物学与传统生物学》，他在结尾中写道："新生物学应该作为传统生物学的补充，而不是完全代替它。"他呼吁人们重视传统生物学的重要作用。这篇社论引起了人们的注意，被刊登在 Science 上，一家意大利报纸也重印了它。[1]

迈尔分析了生物学二元性本质（分为功能－生理生物学和进化生物学）的许多问题[2]。两个领域的进展显示了生物学的平衡发展。面对分子生物学带给传统生物学的压力时，迈尔毅然把研究重点放在了进化生物学和基础生物学上。

20 世纪 50 年代，迈尔阅读了许多科学哲学的文献后失望了。这是一个逻辑的、数学的、物理科学的哲学，与生物学家所关心的无关[3]。斯诺 1959 年讲到两种文化——科学与人文时，物理就是他所举的科学的例子。对于一些物理学家，"所有的生物学是一种肮脏的科学"，因为在大部分生物学中，正统的、无例外的、干净的法则几乎不存在。

迈尔写了一系列文章说明生物学是不同于物理学的一门学科，应该和物理、化学一样在科学中拥有独立的地位。相应地，生物学哲学也应成为科学哲学的一个分支。迈尔指出，实验不是科学的唯一方法，观察、比较、历史叙述等都是合理的，是物理学、天文学、地理学、海洋学、气候学等学科的重要研究方法，也是生物学各分支学科（如比较解剖学、系统学、进化生物学、生物地理学、生态学、生理学）的重要研究方法。实验与观察都有它们在科学中的地位。

---

[1] Mayr E. The new versus the classical in science. Science, 1963, 141:765.

[2] Mayr E. Cause and effect in biology: Kinds of causes, predictability, and teleology are viewed by a practicing biologist. Science, 1961, 134:1501–1506.

[3] Wolters G, Lennox J G, McLaughlin P(eds.) Concepts, Theories, and Rationality in the Biological Sciences: The Second Pittsburgh-Konstanz Colloquiumin the Philosophy of Science. Pittsburgh: University of Pittsburgh Press, 1995: VII–XI.

Mayr E. Review of a Biography of Ludlow Griscom by W. Davis. History and Philosophy of the Life Sciences, 1995, 17:520.

Mayr E. This is Biology: The Science of the Living World. Cambridge: Harvard University Press, 1998: xi.

迈尔承认生物体内的所有过程都遵守物理与化学原理。然而，生命世界显然还具有不同于非生命物质的独特性，如变异、繁殖、新陈代谢、遗传程序、历史性和自然选择等。每个生物学过程或行为方式都可以用因果关系来解释，但这种因果关系不是单一的。对于迈尔来说，因果关系是一个由事实推论出原理的过程。[①]

迈尔列出的较重要的生物学哲学理论基础包括：

1）仅用物理的与化学的理论是不能充分理解生物的；

2）必须考虑到生物的历史性，尤其是它拥有遗传程序；

3）在很多水平上，个体就是独特的，它们构成了群体；

4）有两种生物学，即功能生物学和进化生物学；

5）生物学史被概念的建立所支配（它们的成熟、变异、偶然地排斥）；

6）生命系统的复杂性是有等级地组织的，高水平被新事物的出现所刻画；

7）观察和比较是生物学研究的方法，和实验一样是科学的和启发性的；

8）坚持生物学的自主性并不意味着对与物理和化学原理相冲突的生机论或其他理论的认可。[②]

20世纪60年代目的论和本质论概念从生物学中被剔除，迈尔为此起了很大的促进作用。迈尔对生物学哲学的贡献是以他在进化生物学、系统分类学、鸟类学等领域的成就为基础的，也是以他对生物学的发展史实做哲学的梳理和反思为依据的，迈尔的理论贡献主要集中于以达尔文进化论为核心的进化生物学中的哲学问题，他的理论贡献奠定了当代生物学哲学的理论构架和基本命题，凸显了生命科学的特殊性和生物学哲学方法论的特殊性。[③]

综上，迈尔的新生物学哲学建立在生物学的独特性基础上。这就使他的生物学史思想也具有了相应的独特性。也正是由于其独特性，迈尔的生物学史思想才能在学界产生巨大的影响作用。

① Mayr E. How biology differs fromthe physical sciences// Depen D J, Weber B H(eds.). Evolution at a Crossroads: The New Biology and the New Philosophy of Science. Cambridge: MIT Press, 1995: 49.

② Mayr E. The Growth of Biological Thought: Diversity, Evolution and Inheritance. Cambridge: Harvard University Press, 1982: 75-76.

③ 曾健. 生命科学哲学概论. 北京：科学出版社, 2007: 186.

生物学史思想的来源

第一节 达尔文及达尔文主义简介

生物进化是迈尔学术生涯中最为重要的研究领域。他沿着进化理论发展的历史脉络，梳理了不同阶段的进化理论，对涉及的各学者及他们的观念分别进行过研究。达尔文的进化理论引起了迈尔的极大兴趣。他不仅对达尔文的进化理论本身进行了深入的研究，将自己的进化理论建立在达尔文进化论的基础上，还用毕生的时间和精力为达尔文进化理论进行阐释和捍卫，被人称为"达尔文的后裔"和"20世纪的达尔文"。

进化作为生物学中最重要的概念，如果不能被正确理解，那么生物学中任何"为什么"的问题都无法得出确切的答案。被誉为"达尔文的后裔"和"20世纪的达尔文"的迈尔，与达尔文结下了不解之缘。作为科学家，迈尔引领了"第二次达尔文革命"，确立了自然选择理论在现代进化生物学中的核心地位；作为生物学史学家和生物学哲学家，迈尔致力于研究达尔文思想的产生、发展及其对生物学发展的影响，重视挖掘和阐释达尔文思想的深刻内涵。他系统地阐述了"第二次达尔文革命"的实质及其对现代思想的影响，把分析达尔文学说的理论结构作为他的切入点，先后出版了《动物物种与进化》《系统动物学原理》《种群、物种和进化》《进化与生命多样性》《很长的论点》《进化是什么》等多本专著。他对达尔文理论研究的深度至今无人企及。

迈尔在大学期间就对达尔文产生了兴趣，对其思想进行系统的研究是1959年《物种起源》出版百年纪念活动之后。这次纪念活动是现代进化生物学家们的庆功宴，关注的焦点主要集中于进化论和遗传学方面的最新进展。1982年达尔文逝世一百周年之际，形成了一股研究达尔文的热潮，"达尔文共同体"悄然形成。随着越来越多的生物学家、历史学家、哲学家及社会学家等学者的加入，这个共同体日益壮大，对达尔文的研究最终形成了"达尔文产业"。

在这样一个日渐壮大的队伍中，迈尔是一位不容忽视的人物。哈佛大学出版社1964年出版第一版《物种起源》的影印本时，邀请迈尔为其撰写了序言。迈尔在序中强调了达尔文的著作事实上"震撼了世界"，认为"现代每个关于人类未来、人口剧增、人类与宇宙的目的、人类在自然界中的位置等的讨论都基于达尔文的理论研究"[1]。1975年退休后，迈尔对达尔文进化论的产生及其在思想史中的地位进行了深入、系统的研究。

一、达尔文与达尔文主义

在研究历史期间，迈尔为达尔文争得了无限荣誉。迈尔在大量的论文及专著中讨论了达尔文的工作及其对现代思想的影响。他强调达尔文的叙述"我是个天生的博物学家"。达尔文在孩提时期就对许多活动感兴趣，如采集标本、钓鱼、打猎。他观察鸟类的习性，收集昆虫标本，从 Henslow 教授那里学到了很多东西。1831年，达尔文登上"贝格尔号"时，已经是一位负有盛名的博物学家了。他回到英国之后，发现 Galapagos 岛上的大多数动物尽管带有美国的特征，但对该岛上的群来说具有地域性，在北美或南美都未能发现它们。这一发现使达尔文成为一个进化论者。他认定这些地域性的动物（种或亚种）一定是从美国迁徙到 Galapagos 岛上的。

在接下来的20年中，达尔文收集了进化理论的证据，但由于需要为他的唯物主义（自然法则）理论寻求大量的支持，达尔文并未发表这方面的内容。迈尔对此解释为，这是因为达尔文对赖尔"反对物种的非稳定性"这一思想有着

---

① Darwin C. On the Origin of Species by Means of Natural Selection, or the Preservation of Favoured Races in the Struggle for Life. Cambridge:Harvard University Press，1964: vii–xxvii, 491–495, 497–513.

一定的畏惧心理。[①]1856年5月，赖尔劝达尔文发表他的观点以免被别人抢先后，达尔文才开始写他这部巨著的手稿。然而，事实已经发生了。1858年华莱士给达尔文邮寄了他的手稿，这才促使达尔文下决心在1859年出版《物种起源》。

迈尔对《物种起源》的出版给予了很高的评价，把这一事件称作"第一次达尔文革命"。19世纪晚期的"第一次达尔文革命"不仅产生了一个关于进化的新理论，而且产生了一个新的世界观，包括了大量独立的概念及信仰，其中最重要的是以下六点：①世界不是恒定的和创造的，而是进化的。世界已具有很长的年龄，而非近期才形成的；②对灾变论和不变论的驳斥；③驳斥机械的、向上的进化概念（宇宙目的论）；④反对创世说；⑤种群思想取代本体论和唯名论的哲学思想；⑥废除人类中心说，人类回归了其在有机世界的位置。

因为这场理智的革命需要否决至少六种现有的基本信仰，这与科学之外的世界有着极大的关联，所以引起了人们对达尔文理论的普遍反对。反对者们有正统的基督教徒、自然神学家、世俗之人、哲学家、物理科学家和非达尔文主义生物学家。[②]正因为如此，迈尔认为，达尔文形成的概念（概念化）比哥白尼、牛顿、爱因斯坦更深刻地影响了普通人的思维及他们的世界观。

二、达尔文的进化范式

迈尔在对达尔文的理论进行研究时得到一个惊人的发现：达尔文的进化理论至少由五个独立的部分组成，而非一个完整的理论[③]：①逐渐进化；②共同祖先；③物种的多样性；④渐进；⑤自然选择。

分析这五部分理论是迈尔对进化生物学做出的最显著的贡献。这些不同的理论在进化生物学的主要领域都得到了很好的阐释，因此在讨论达尔文范式时应该将其保持独立，分开讨论，以避免引起误解。另外，达尔文提出了"性选

---

① Mayr E .In memoriam: Bernhard Rensch, 1900–1990. The Auk, 1992, 109:188.

② Mayr E .The nature of the Darwinian revolution: acceptance of evolution by natural selection required the rejection of many previously held concepts. Science, 1972,176:981–989.

③ Mayr E. The Growth of Biological Thought: Diversity, Evolution and Inheritance. Cambridge: Harvard University Press, 1982: 137.

择"（繁殖过程中差别的形成）、泛生论（身体的所有部分为繁殖器官提供遗传材料，尤其是配子）、性状趋异（两个或更多种属在它们共同生存领域的不同发展，或相互竞争的选择结果）。

尽管达尔文进化理论的五个主要部分彼此密切相关，然而，1859年之后它们遭遇了不同的命运，没有形成一个单元。大部分学者接受第一个理论，抵制其余的一个或几个理论。这表明该五个理论并不是不可分割的一个整体。自然选择的核心理论直到20世纪40年代进化论综合时期才被普遍接受。这要归功于迈尔对自然选择理论的阐释④。迈尔还分析了马尔萨斯（Malthus）对达尔文思想的影响，研究了从"贝格尔号"航行返回时（1936年10月）到形成自然选择理论期间，达尔文理论思想的发展、选择目标的问题（个体还是物种）、生存斗争的本质（残酷的还是温和的）等问题。⑤

如迈尔在其自传笔记中所说，他那时对两个问题尤其感兴趣：从达尔文的自然史研究延伸出来的自然选择理论的发现到何种程度（范围）（内因）？从时代思潮中得来的影响又到何种程度（外因）？当时普遍反对达尔文理论的状况让迈尔明白，不存在时代思潮对达尔文理论的外部影响。

迈尔将达尔文的种群思想和类型学的本质论之间的区别进行了概念化，他在20世纪40年代晚期用一篇较短的论文对其进行了解释⑥。"达尔文与生物学的进化理论"成为其他作者使用非常广泛的引证，为他们看待世界提供了截然不同的方式。一方面，群体思想重视一个生物种群中每一个个体的独特性，同自然选择理论一样，认为不受限制的变异可能导致更深入的进化改变。另一方面，类型学家假设每个物种不变的"本质"决定了其变异的程度。对他们来说，有限的变异阻碍了进化的发生（除了通过不连续变异）。

达尔文认为他的"生存斗争"理念，是他1838年9月28日读马尔萨斯著

---

④ Mayr E. Darwin and natural selection: how Darwin may have discovered his highly unconventional theory. American Scientist, 1977, 65: 321–327.

⑤ Mayr E. Toward a New Philosophy of Biology: Observations of an Evolutionist. Cambridge: Harvard University Press, 1988: IX, 564.

⑥ Mayr E. Darwin and the evolutionary theory in biology// Megger B J(ed.). Evolution and Anthropology: A Centennial Appraisal. Washington, D. C. : The Anthropological Society of Washington, 1959: 361.

作的结果。但迈尔强烈地感觉到，马尔萨斯的著作或许对达尔文产生了一定的影响，但他的"群体思想"来自在读马尔萨斯著作之前的六个月内他所读的有关动物和植物培育的大量文献。那时达尔文已经了解到，兽群中的每个个体都不同于其他任何一个个体，在选择生育下一代的公兽与母兽时需要极度谨慎。达尔文需要知道的是个体变异的发生。变异产生的一个正确的理论是，对自然选择理论的建立并不是一个先决条件。具备特殊的可遗传特性的个体的选择，持续经过许多代，必然导致进化。这是作为一个原因和机制的自然选择。自然选择作为一个结果，是或然性自然界的一个事后现象。特殊环境下，具备优越性的个体将会存活下来。自然选择是一些新的可遗传的变异的偶然的存活物。达尔文说，"有利变异的保持和有害变异的淘汰，我称之为自然选择"。尽管自然选择是机会主义的最优化的过程，但它并不一定导致完美的产生，因为存在着无数的约束。选择作为一个过程，显然不能阻止生命史中产生的大多数物种的灭绝。

只有少数几个博物学家很快就支持了达尔文的自然选择概念，他们是华莱士、贝茨、米勒、魏斯曼、牛顿和最初的特里斯特拉姆。大多数其他的动物学家仍然强烈抵制这个概念，只有一些"小的"选择被认可，如杜鹃卵对那些寄主物种的拟态，直到 20 世纪 30 ～ 40 年代情况才得到改善。达尔文称繁殖中的一个个体的成功变异为"性选择"，并在他的《人的由来与性选择》中以三分之一的篇幅来讨论这个问题。在接下来的 100 年中，尽管迈尔曾呼吁要重视"生殖成功的选择"的重要性 [1]，但这个重要过程还是被严重忽略了。

三、《物种起源》的摹本（1964）

20 世纪 60 年代早期，迈尔开始详细研究达尔文的思想，他在读《物种起源》第一版时还存在很多困惑，后来困惑就变得越来越少了。他成功地说服了哈佛大学出版社 1964 年出版第一版的廉价摹本。这成为一个令人惊讶的成功，

---

[1] Mayr E. Animal Species and Evolution. Cambridge: Harvard University Press, 1963.

"硬封面版本在它出版后的七年内卖出了 34 000 本"^①。1994 年平装本的第 13 次印刷面世后，仍然平均每年卖出 1000 本左右。

迈尔为这个摹本写了一个详细的"简介"，强调了达尔文的著作事实上"震撼了世界"，现代每个关于人类未来、人口剧增、人类与宇宙的目的、人类在自然界中的位置等的讨论都是在达尔文的基础上进行的。尽管在遗传和变异的起源方面，达尔文混淆了变种与物种，不能解释物种形成，但是他发现了进化变化的机制——自然选择。这种"力量"不仅消除了不适（或者较不适），而且积极地、建设性地积累了有利的方面^②。达尔文接受了"获得性状遗传"的观念，但这并不是后来被詹金（H. C. F. Jenkin，1833—1885）反驳的结果。尽管存在一些对立的言论，迈尔还是认为达尔文是一个重要的哲学家。他运用了假说—演绎和比较的方法及"群体思想"来抵制柏拉图的本质论。

四、达尔文的研究

对于 1959 年《物种起源》出版百年纪念活动引发的"达尔文产业"，单独的一个人不再可能完全处理得了。迈尔的书中给出了他对达尔文研究的看法，并在许多文章中讨论了达尔文思想的其他方面^③。

生物进化的概念包括两个独立的过程：

1）遗传转变（变异、线系进化、"纵向"、适应的组成部分）；

2）多样性（分支进化、物种形成、变异群体中"横"的元素的变化及早期物种）。

起初达尔文意识到这个不同，然而后来并未给予这些过程的独立性以足够的强调。他发展了岛屿上地理物种形成理论，相信他的"性状分离原理"（生态的差异被用来解释同域物种形成），能够克服陆地上明显缺乏屏障（隔离）的

① Mayr E. Essay review: open problems of Darwin research. Studies in History and Philosophy of Science, 1971, 2: 273.
② Mayr E. On the Origin of Species by Means of Natural Selection, or the Preservation of Favoured Races in the Struggle for Life by Charles Darwin. London: John Murray, 1859: vii-xxviii.
③ Mayr E. The Growth of Biological Thought: Diversity, Evolution and Inheritance. Cambridge: Harvard University Press, 1982: IX, 974.

困难。

从 19 世纪 40 年代起，地理隔离和软遗传等某些因素的重要性改变了达尔文的思想，他或多或少地还保留了经过推理得到的观点。尽管他在 19 世纪 50 年代通过生态的、季节性的、行为的特殊化将渐增的物种形成看作一个适应的过程，不再将物种看作生殖隔离的群体，然而接受了同域物种形成的观点后，他重视了地理隔离而改变了这个观点。

迈尔将达尔文的进化理论总结在了《很长的论点》一书 ① 中，这些理论与现代进化理论的发展相关。达尔文的《物种起源》是一个反对特创论的"很长的论点"，没有人支持自然选择。他的科学方法使最好的博物学家反复使用"观察——提出问题——建立假说或模型——通过更深入的观察检验假说"这一能够反复循环的老方法。

可能达尔文是坚持使用该方法并取得成功的第一位博物学家。凭他的兴趣和天分，达尔文成为不同科学领域之间桥梁的搭建者。1859 年之后，大部分科学家很快接受了达尔文理论中的进化、共同祖先和物种多样性的理论，迈尔称之为"第一次达尔文革命"（第二次达尔文革命指 20 世纪 40 年代进化论的综合，其时遗传学家和博物学家达成了一个共识，也有其他的说法）。

《物种起源》是对共同祖先理论的杰出论述，为自然选择的功效进行了大量辩护，然而迈尔却认为它在物种的性质与物种形成的模式上的描述都是模糊的和矛盾的。达尔文的理论挑战了同时代传统的宗教及哲学观念，尽管不是他的每个理论都与这些相冲突。

自然选择的概念显然不是工业革命及当时社会经济的反映，因为这个概念在当时几乎被同时代人所一致反对。哲学的本体论等意识形态也对反对他的几个理论产生了强有力的影响。达尔文接受了"自然法则"在生理水平上的严格操作，然而他意识到了偶然的作用。在生物个体水平上，达尔文关于分类的观点，即"自然系统"，是十分有争议的。尽管迈尔坚持认为达尔文已提出要考虑共同祖先和姊妹类形态学的趋异。

---

① Mayr E. Cambridge,Massachusetts, One Long Argument: Charlles Darwin and the Genesis of Modern Evolutionary Thought. Cambridge: Harvard University Press, 1991.

第二节　对达尔文进化论的阐释

依照惯例，迈尔在对达尔文理论进行研究时，首先考察了相关历史背景。

一方面，迈尔认为希腊哲学家柏拉图是生物学的一个灾难[①]。他的本体论概念影响了自然科学分支向相反的方向发展了几个世纪。从某些方面说，现代生物学思想的兴起是从柏拉图思想中解放出来的[②]。另一方面，迈尔承认亚里士多德是达尔文之前比其他思想家为生物学做的贡献更多的一个人。他是比较方法和生命史研究的创始人。他对生物体多样性的现象感兴趣，并探寻其原因，问了许多"为什么"的问题。

然而，亚里士多德的完美世界的信仰或多或少妨碍了进化方面的思想。此后很长一段时期，特创论一直统治着人们的思想。18 世纪中期，莫佩尔蒂（Maupertuis）提出了变种的概念。其后布丰做了更为完整的研究，他证实了物种的变异性。拉马克在布丰的基础上开始思考和研究，提出了"获得性状遗传"的理论。这个理论很快被人们欣然接受。就连达尔文也是获得性状遗传的支持者。直到 1883 年，从魏斯曼开始，人们才怀疑获得性状遗传的正确性。达尔文在拉马克、达尔文的祖父和钱伯斯等人的基础上于 1859 年提出了他的进化理论，震惊了世界。

迈尔在对达尔文的思想进行研究时，提出了一系列问题：这个杰出的生物学家是个什么样的人？他的思想是怎样来的？他成功的因素是什么？通过这些问题的指引，迈尔完成了对达尔文理论产生的思想渊源的探索。

首先，迈尔对达尔文的生平及背景进行了了解。达尔文这位伟大的生物学家出生于 19 世纪英国的一个中产阶级家庭。他认为博物学是理解上帝的最佳途径。出于对博物学的兴趣，达尔文放弃医学到剑桥大学改学神学。1831 年顺利通过学位考试后，达尔文踏上了"贝格尔号"，去南美做了一次为时五年的探险

[①] Mayr E. The Growth of Biological Thought: Diversity, Evolution and Inheritance. Cambridge: Harvard University Press, 1982: 5.

[②] Winsor MP. Linnaeus's biology was not essentialist. Ann Missouri Bot Gard, 2006, 93: 2-7.
Wright S. Evolution in Mendelian populations. Genetics, 1931, 16: 97-159.

航行。航行结束后不久达尔文就结婚了。婚后他迁居到了一个小村庄，在那里一直生活到 1882 年逝世。

简单的了解之后，迈尔对达尔文进化思想的缘起进行了分析。他认为，"贝格尔号"航行彻底改变了达尔文的人生轨迹。达尔文刚踏上"贝格尔号"时，对《圣经》还没有丝毫的怀疑，然而，航行途中的所见所闻却使达尔文心生困惑，他开始对物种不变的信念产生怀疑。1835 年考察科隆群岛时达尔文获得了关键的证据。1836 年 7 月，达尔文在日记中写下了这样的话："当我分别考察这些岛屿并采集到一些动物标本，其中就有这些结构略为不同并占据自然界中同样位置的鸟类的时候，我肯定会想到它们是变种……如果这种观点略有一定的基础支持的话，海岛动物学就值得重新审视；因为这些事实会动摇物种固定不变的信念。"[①]达尔文因此第一次认识到，当一个群体在地理上与亲种隔离时，有可能演变出新的物种。尤为重要的是，这些新形成的物种来自同一个原始亲种，再往前追溯的话，同一属的所有种都可能有一个共同祖先；进一步可推测，物种不仅不是固定不变的，而且所有物种都有一个共同由来。这就是"共同起源"这一思想的形成过程。

迈尔注意到了达尔文在自传中描述的关于自然选择机制诞生的灵感的获得过程：1838 年 9 月 28 日，"在我进行了 15 个月的系统探索之后，我为了消遣，偶然阅读了马尔萨斯论人口的书，这时，通过长期对于动植物习性的观察，我已经可以接受无处不存在着生存斗争的观点了，我突然想到，在这种情况下，有利的变异会得到保存，不利的变异会遭到淘汰。于是，我至少得出了一种用来说明原理的理论"[②]。

据考证，达尔文过分强调了马尔萨斯理论对他的影响。迈尔认为，在此之前，通过与动植物育种者的广泛接触，达尔文的思想已发生了微妙的变化。迈尔将其变化过程整理为：①确立了个体变异的思想。传统生物学更多地强调同

---

① 迈尔 . 很长的论点 . 田洺译 . 上海：上海科学技术出版社，2003：6.
② 迈尔 . 很长的论点 . 田洺译 . 上海：上海科学技术出版社，2003：78.

一物种内个体的相似性，迈尔将此称作本质论的思想。②抛弃软遗传承认硬遗传。所谓软遗传，是指获得性遗传，而硬遗传则是指遗传物质变异不受环境诱导的影响，换言之，变异的产生是自发的、随机的。③对"自然平衡"概念的重新理解。以前的生物学家更多地强调自然界的平衡、和谐，他们认为兔子的数量与狐狸所需食物的数量应是大致持平的，这是上帝的巧妙安排。换言之，自然界是一个先定的和谐体系，无论是宗教教徒林奈还是自然神论者拉马克都持这一信念。所以，他们无法认同灭绝这一现象的存在。然而，正是达尔文最先戳穿了先定和谐这一假象，兔子的数量总是多于向它提供口粮的草原的数量；而狐狸的数量又总是多于它能捕捉到的兔子的数量。于是，同种个体之间免不了为生存而发生的竞争。平衡正是在此种残酷的基础上才得以维持的。④逐渐失去对基督教的信奉。其实，就在达尔文动摇了物种不变的信念之后，他已开始走上一条与基督教信仰分道扬镳的不归路，只是碍于妻子和朋友的宗教感情，才不愿过于直白地表露这一点 ①。

迈尔还分析了达尔文理论产生的社会背景。在"上帝创世"说已经深入人心时，人们对《圣经》中创世的故事奉为圭臬。包括达尔文的所有老师和朋友在内的人都坚信物种不会发生变化。当时只有个别人隐晦地提出了进化的观点，拉马克的进化理论可算是最具革命性的了。通过"贝格尔号"航行的所见，达尔文提出了自然选择机制，以之来替代上帝的作用。从此，适应性状的获得、物种的起源不再被看作是上帝智慧的证明。

迈尔否认了自然选择理论与外在社会因素的关系。他指出，如果该理论是当时工业革命和经济社会形势的产物，那么，这个理论应该很适合 19 世纪中期的英国公众。但情况恰恰不是这样，相反，达尔文的自然选择学说几乎遭到同时代人的一致反对。②关于这点还有待商榷，因为脱离社会背景而产生事物是不可思议的。自然选择学说在达尔文提出的同时，也被华莱士独立提出，这说明自然选择之所以长期遭人反对，只是与当时社会的主流意识形态相背离，完全

---

① 陈蓉霞 . 常读常新达尔文 . 科学（上海），2003, 55: 5.
② 迈尔 . 很长的论点 . 田洺译 . 上海：上海科学技术出版社 , 2003: 44-45.

与外在因素相脱离的看法未免有些偏激。

迈尔将对达尔文及其理论研究的成果汇集在多本著作中。其中 1982 年发表的《生物学思想发展的历史》一书代表了其对达尔文理论研究的最高成就，也因为此书，迈尔被授予科学史最高奖——萨顿奖。《很长的论点》则是对达尔文思想脉络的清晰梳理。

人们一向以为达尔文的进化理论是一个独立的学说，当提到达尔文学说时，无法很快辨别它指的是进化本身、人类由猿进化而来、自然选择还是其他理论。迈尔列举了充分的证据来说明达尔文将他的进化学说看作是一个不可分割的整体。例如，达尔文在《物种起源》中有十次把自己的进化学说称为"我的学说"，也有三次将自然选择学说称作"我的学说"。从达尔文对《物种起源》一书的章节排列中也能看出这一点：第一章包括变异性产生的原因、物种与变种问题和自然选择，第二章包括自然界中的变异和物种问题，第三、第四章又涉及生存竞争、自然选择、物种形成、性状趋异、灭绝和共同祖先学说。

经过对达尔文理论的系统分析，迈尔认为达尔文提出的实际上是大体上彼此独立的五个学说[①]。这一点连达尔文自己都没有意识到。他列出了达尔文进化理论的主要成分，并一一对其进行了深刻剖析：①生物进化。世界并不是永恒不变的，而是不断进化过程的产物。这种观点不是自达尔文开始的。拉马克、麦克尔和钱伯斯等人早已在他们的作品中提出了这一看法。然而，达尔文根据观察提出的有力证据使人们普遍接受了这一观点。②共同祖先。达尔文认为一切生物都是经由不断的分支发展过程由一个共同祖先传下来的，所有的生物类群，包括动物、植物、微生物最终都可以追溯到地球上的一个单一的起源。③物种增殖。提出物种的增殖通过分化为姊妹种，或者通过建立地理上隔离的奠基者群体进化而形成新的物种。这个理论揭示了生物多样性的起源。④渐变理论。生物的进化变化是通过群体的逐渐改变，而不是通过代表着另一种类型的新个体的突然出现而产生。迈尔还从意识形态的角度分析了赖尔等本质论者

---

① Mayr E. The Growth of Biological Thought: Diversity, Evolution and Inheritance. Cambridge: Harvard University Press, 1982.

对这一理论的抵制。⑤自然选择。进化的发生是由于在每一代中都产生大量的遗传变异。只有很少的具有特别适应的遗传性状组合的个体可以作为下一代而生存下来。这是达尔文提出的最富革命性的概念。通过对生物界一切现象做出了完全唯物主义的解释，自然选择学说便被看作是由它"罢黜了上帝"。① 五个独立学说一经提出，便得到了学界的一致赞同。因此，迈尔给予达尔文很高的评价："思维上的睿智，智力上的果敢，能够将博物学观察者、哲学理论家和实验家的能力结合起来，在这个世界上具有这种综合素质的只有一个人，他就是达尔文。"②

对于达尔文理论的不同组分，不同的进化论者有不同的态度。为此，迈尔对不同学者对达尔文理论五个学说的取舍做了分析，如表 3.1 所示。

表 3.1　不同进化论者进化理论中的成分 [3]

学者	共同由来	物种增殖	渐变理论	自然选择
拉马克	不	不	是	不
达尔文	是	是	是	是
海克尔	是	？	是	部分
新拉马克主义者	是	是	是	不
托马斯·赫胥黎	是	不	不	（不）[a]
德弗里斯	是	不	不	不
摩尔根	是	不	（不）[a]	不重要

注：( )[a] 表示态度暧昧

这些人支持或反对其中的某几项，这也说明了达尔文的理论不是不可分割的。即使对于同一组分，人们的认识也不尽相同。那个时期很多学者经常使用"共同祖先"这个词，是因为它纯粹只具有血缘关系的含义而并不是由于相信进化。当冯·贝尔这样一位强烈反对进化论的学者给种下定义为"由共同祖先联系在一起的全部个体"时，很明显，他指的并不是进化，当康德谈到"自然分类涉及家世（血统），将动物按血缘关系归类"时也是如此。

---

① 迈尔. 生物学思想发展的历史. 涂长晟等译. 成都：四川教育出版社，1990：506-511.
② 迈尔. 很长的论点. 田洺译. 上海：上海科学技术出版社，2003：11.
③ 迈尔. 生物学思想发展的历史. 涂长晟等译. 成都：四川教育出版社，1990：506.

第三节 对达尔文进化论的拓展

迈尔对达尔文的研究工作并没有止于对其理论的阐述。在研究的过程中，迈尔也对一些问题进行了深入思考，提出了自己的看法。随着研究越来越深入，达尔文理论逐渐显露出一些缺陷，一些对其进行修改与扩充的观念也随之产生。作为一个忠实的达尔文追随者，迈尔对进化理论的探讨和拓展始终没有脱离达尔文的理论框架。

一、为进化论的综合奠基

自然选择学说作为达尔文理论的核心部分，是达尔文最大胆的一个创新，也是争议最大的一个学说。1859 年后的 80 年中，支持自然选择学说的人只占少数。按照达尔文的说法，自然选择概念本身很简单。然而，迈尔通过对达尔文笔记的整理发现，事实上达尔文在得出这一概念时发生过四五次思想变化。在重新发现的达尔文笔记的基础上，迈尔重建了达尔文自然选择的模型[①]，然后分别研究了其中每一种成分的历史。

最后，迈尔将自然选择分为"两步走"的步骤：①变异阶段；②选择阶段。在遗传变异产生的第一阶段，偶然性起到了最突出的作用。在差异性生存和生殖的第二阶段，即选择阶段，能够生存下来的最适者要比其他个体优越，这在很大程度上依赖于遗传获得的性状，此时便存在很大的确定性。

迈尔还考虑到作用很小却不可忽视的偶然性的作用，它包括自然环境和性选择两个方面。洪水、飓风、火山喷发等自然界的灾变都可能导致原本非常适应的个体死亡。在一个小的群体中，配偶选择上的失误也可能导致优越基因的丧失。

迈尔对自然选择的阐释，为人们正确理解进化论提供了极大的方便。通过迈尔对自然选择学说的阐释，可以认识到自然选择具有变化多端的形式。某些

---

① 迈尔 . 很长的论点 . 田洺译 . 上海：上海科学技术出版社，2003：81.

情况下自然选择是毁灭性的，历经弱肉强食、疾病、饥饿；某些情况下自然选择又是建设性的，它取决于群落大小，丝毫也不会提高死亡率。自然选择的范围十分广阔，小到苍蝇翅上鬃毛的数目，大到脑的发达程度，变换无穷，包罗万象。没有任何语言能更生动、更形象地表达和理喻各种基因型给生物在生存和生殖中所造成的差异。只有"自然选择"这种词汇表达，把这一切都表达得非常贴切、非常真实。在这个意义上，"自然选择"一词的概念如达尔文所说就很简单。

二、为进化论的综合搭桥

1900 年豌豆杂交实验结果被"重新发现"后，孟德尔"种豆得豆、种瓜得瓜"的遗传理论由于有坚实的实验支持，使得达尔文主义自然选择论遭到了强烈的攻击，有人因为自然选择偶然试错的机制而讽刺自然选择理论是"乱七八糟的规律"，越来越多的生物学家发表其他机制来解释物种的出现，包含了目的论成分的新拉马克主义、直生论等风行一时。到 20 世纪初，学术界已经没有多少人支持达尔文主义的自然选择学说了。虽然达尔文主义坚定的捍卫者对孟德尔式遗传学采取了严厉的批评态度，但他们不得不试图找出新的解释方式。综合进化论的出现，使自然选择学说在被反对了 80 年后终于被人们普遍接受。

杜布赞斯基、迈尔、托马斯·赫胥黎、壬席、辛普森、斯特宾斯等学者被称为综合进化论的奠基人。这些人的主要著作实际上在不同的领域之间构筑了沟通桥梁，迈尔因此把他们称为进化论综合的"建筑师"[①]。

三、为进化论的综合添砖加瓦

作为达尔文阵营的主力军，将达尔文的理论发扬光大是迈尔的夙愿。在意识到不同领域的工作综合起来将会有利于达尔文进化理论的"茁壮成长"后，

---

① "建筑师"一词有不同的涵义。广义的包括 1936 年以前的一些遗传学家和博物学家，如切特维尼可夫、费舍尔、霍尔丹、赖特、罗索夫斯基、萨姆勒、斯特雷斯曼等；狭义的则只包括"在综合期间"（即 1936 年之后）就进化问题有著作出版的少数进化主义者，如辛普森、杜布赞斯基、壬席、迈尔等。迈尔采用的是狭义的概念。

迈尔为促进进化论的综合做了很多工作。

（一）综合之路

孟德尔在 1865 年发现了基因的分离定律和独立分配定律。可惜这一发现被当时的科学界完全忽视了，达尔文也不可能知道这一重大理论，因此他也不可能找到一个合理的遗传机理来解释自然选择，而当时的生物学界普遍相信所谓"融合遗传"：父方和母方的性状融合在一起遗传给子代，所以达尔文用拉马克的"用进废退"来补充自然选择学说。事实上，在 1882 年达尔文逝世前后，生物学界普遍接受拉马克主义，而怀疑自然选择学说。当孟德尔的遗传理论在 1900 年被重新发现时，遗传学家们却认为它宣告了达尔文主义的死亡，在他们看来，随机的基因突变，才是生物进化的真正动力。

20 世纪 30 年代，群体遗传学从理论上证明，达尔文的进化理论和孟德尔的遗传学说不仅不互相冲突，而且相辅相成。在孟德尔遗传学的基础上，自然选择可以完满地解释生物的适应性进化。1930 年费希尔发表的《自然选择的遗传理论》、1931 年莱特发表的《孟德尔群体中的进化》、1932 年霍尔丹发表的《进化的动力》三本经典著作，成为现代进化论的理论基础。

当时多数研究进化的人分属于遗传学和博物学两个阵营。他们不仅兴趣不同，知识类型也有很大不同。遗传学家关注的是基因层次的群体内变异，他们并不关心进化尤其是物种生成的问题；博物学家关注的则是群体和物种内的地理变异，强调地理因素在进化中的作用，而忽视了遗传学的进展。事实上，群体遗传学涉及复杂的数学计算，这对一般的博物学家来说有很大难度。因此，他们的研究工作，对当时的生物学界并没有产生太大的影响。

面对两大阵营缺乏沟通的僵局，迈尔认为，对多样性和种群进化都感兴趣的年轻一代遗传学家必须成长起来；博物学家必须认清这新一代的遗传学家对进化的遗传解释不再反对渐进性和自然选择，只有同时满足这两个条件才能有所改观。

杜布赞斯基在 1937 年发表的《遗传学和物种起源》一书，在种群遗传学研究成果的基础上，把孟德尔的突变论和达尔文的自然选择综合起来，进一步揭示了生物进化的机制。这一成果第一次促进了两个阵营的融合，也是对进化论综合的第一次尝试。

此后，迈尔等博物学家在群体遗传学的基础上引入地理进化和群体思想，迈尔把综合进化论应用于分类学研究，并提出了在地理隔绝条件下新种产生的模型，解决了物种增殖、多型种、生物学的物种概念、物种与成种事件在宏观进化中的作用等许多进化问题。另外，古生物学家辛普森的研究表明综合进化论能够很好地被用于解释化石记录，而植物学家斯特宾斯则指出植物的进化同样能被现代进化论解释。这些都是综合进化论的基本组成部分。

到 20 世纪 40 年代，综合进化论已经被成功地应用于生物学的所有领域。1942 年，托马斯·赫胥黎发表《进化：现代综合》一书，综合了现代进化论在各个领域的研究成果，现代进化论也因此被称为"现代综合学说"，即现代达尔文主义。标志着这个伟大的综合过程的最终完成的，是 1947 年在普林斯顿成立了"遗传学、分类学和古生物学的共同问题委员会"。组成这个委员会的 30 个生物学不同领域的学术权威有一个共同的观点：达尔文理论和孟德尔学说的综合。

综合进化论的基本观点是：①广义的突变，即基因突变和染色体畸变，是生物遗传变异的主要来源，是生物进化的关键。突变和通过有性杂交实现的基因重组形成了生物进化。②进化的基本单位是群体而不是个体；进化是由于群体中基因频率发生了重大的变化。③自然选择决定进化的方向；生物对环境的适应性是长期自然选择的结果。④隔离是固定并保持新种群的一个重要机制。如果没有隔离，那么自然选择的作用则不能最终体现。

可见，综合进化论主张，突变是进化的第一阶段，而选择是进化的第二阶段。自然选择是对有害基因突变的消除和对有利基因突变的保持，从而使基因频率发生定向进化。它综合了选择论和基因论的成就，提出了自然选择的多种模式，把种群遗传学原理引进到进化机制的研究中，证实了达尔文提出的所有进化变化都是由自然选择对大量变异的指导所形成的，还使进化生物学的统一图景变得更加清晰：逐渐进化是由于自然选择使遗传变异更规则，而且所有进化现象都可以通过一致的遗传机制来解释。

达尔文一直认为个体是选择的目标，以及进化有两个组成部分：纵向的进化（适应现象）和横向的进化（多样性）。进化论综合时期，他的进化理论得到了进一步的丰富和发展，其发展特征在于均衡地强调了自然选择和进化的随机过程；相信整个进化，特别是自然选择，并不是一个决定论的过程，两者都是一个具有偶然性的随机过程；意识到虽然自然选择是一个最优化的过程，但大量不确定因素的存在导致选择的结果不可能达到最优；强调了多样性的起源像适应一样都是进化的重要组成部分；认识到作用于生殖成功的选择与作用于生存特征的选择一样都是重要的过程。

进化的综合范式取得了富有建设性的成果，如迈尔所说，是在有关的学科之间找到了一种共同语言，并澄清了许多进化问题和作为其基础的各种概念。但是这一范式仍是不完善的，还有不少尚未解决的问题。它难免受到一些批评家的非难和质疑，就是在达尔文主义者之间也依然存在某些意见分歧。分子生物学的出现将大量的生物功能与分子水平上发生的事件联系起来，使生物化学、微生物学和遗传学等学科在更高程度上相互融合。进化理论因而变得更加精制、更加实在，许多之前不能解决的问题都得到了圆满的解释，促进了生物学很多学科的发展，可以说进化综合后，很多方面（除否定软遗传外）实际上又回复到了比较正统的达尔文进化理论，达尔文主义再次成为生物学的主流。

（二）对"达尔文主义"的诠释

自19世纪60年代以来，"达尔文主义"一词就经常出现在各种领域，然而它们的含义却不尽相同。"就如同'盲人摸象'所说的那样，每个写作有关达尔文主义的作家似乎都只触及到达尔文主义许多方面中的一个方面"①，人们没有认识到达尔文主义并不是一个单一不变的理论，而是一个多层次多方面的不断发展着的理论。那么，达尔文主义不变的理论内核是什么呢？迈尔作为一个达尔文主义的忠实追随者，不仅自身为达尔文主义的发展做出了重要的贡献，而且

---

① 迈尔.很长的论点.田洺译.上海：上海科学技术出版社，2003：108.

还从生物学哲学意义上全面分析了对达尔文主义的多样性认识及其产生的原因，从而揭示出不断发展着的达尔文主义不变的理论内核。

1. 解读达尔文主义的发展历程

迈尔在对达尔文主义进行解读时，首先从生物学角度将进化论的发展脉络进行了梳理，以图表的形式列出了达尔文之后进化论的修正阶段，清晰地刻画出了达尔文理论的发展历程。

然而，从进化到主义，必然有其深层次的哲学意义。迈尔指出，达尔文主义的产生不仅是生物学领域的知识革命，也是人类思想史上的伟大革命。达尔文用自然选择的进化学说合理地说明了生物的多样性和适应性，有力地冲击了特创论和目的论，改变了人们对世界的看法，建立了一种新的唯物主义世界观。为了强调达尔文主义的重要意义，迈尔不止一次地引用哲学家帕斯莫（J. Passmore）的观点。帕斯莫曾经指出："历史上只有一次知识革命被赋予在词尾加上后缀'主义'的殊荣，这便是由达尔文发起的知识革命，被称为达尔文主义。这是因为达尔文革命是人类历史上最伟大的知识革命。……而达尔文革命则影响到了每一个有思维能力的人。"[①]在生物学哲学层面，迈尔又将达尔文主义的成长划分为三个阶段，即达尔文主义、新达尔文主义和现代达尔文主义。

（1）达尔文主义——第一次达尔文革命

1859 年，英国生物学家达尔文的著作《物种起源》的发表，标志着以自然选择为中心的生物进化理论的建立。达尔文令人信服地证明了现存多种多样的生物是由原始的共同祖先逐渐演化而来的，揭示了自然选择是生物进化的主要动因，从而把生物学建立在了完全科学的基础上，开创了生物科学发展的新时代。作为 19 世纪自然科学的三大发现之一，这部划时代的巨著，以全新的生物进化思想推翻了神创论和物种不变理论，生物学哲学自此萌芽。

"达尔文主义"一词是托马斯·赫胥黎 1864 年首次提出的，用来指称达尔文的思想。随后在 1889 年英国生物学家华莱士发表了其专著《达尔文主义》之后，"达尔文主义"一词便被广泛流传开来。马克思和恩格斯将达尔文的进化论引

---

① 迈尔. 生物学哲学. 涂长晟等译. 辽宁：辽宁教育出版社，1992: 181.

为唯物主义学说的自然史基础后，达尔文主义便成为唯物主义意识形态的重要支柱。

对达尔文理论研究了几十年的迈尔，凭借其深厚的生物学、哲学和史学功底，对达尔文主义做了权威性的概括和评述。他睿智地指出，达尔文的进化理论是五个独立理论的混合体：生物进化、共同由来、物种增殖、渐变理论和自然选择。在《物种起源》之后到达尔文主义兴起这一时期，人们并没有完全理解达尔文的所有理论，而只是接收了其中生物进化、共同由来和物种增殖理论。这三种理论摧毁了以人为宇宙中心的宇宙观，而且"在人的思想中引起了一场比自在文艺复兴时期科学得以再生以来任何其他科学的进步更伟大的变化"①，因此，迈尔把这三种理论的胜利称为"第一次达尔文革命"②。这次革命不仅使用一个进化发展的世界代替了静止的或恒稳的世界，而且更重要的是它剥夺了人类在宇宙中的特殊地位，并将之安顿在动物进化的洪流中。"达尔文主义"一词有几种不同的含义：作为选择主义，达尔文主义从进化综合到现在都是正确的③。

在高度评价达尔文主义的同时，迈尔也揭示了达尔文非凡洞察力下存在的不足，例如，把生存斗争当作生物进化的主要动力、获得性遗传和泛生说等，并深入分析了这些错误理论产生的主客观原因。

（2）新达尔文主义——捍卫自然选择

新达尔文主义产生于19世纪末，是达尔文的自然选择理论和魏斯曼的种质学说相结合的一种生物进化理论，主要创立者是德国生物学家魏斯曼。他提出了"进化是种质的有利变异经自然选择的结果"的观点。达尔文的弟子罗马尼斯（G. H. Romanes）认为，种质学说在遗传机制上补充了达尔文的观点，魏斯曼把遗传学和自然选择学说结合起来，开创了进化论研究的新方向。因此，他在1896年发明了"新达尔文主义"一词来指称魏斯曼的绝对选择论，该词随即开始被广泛使用。直到综合进化论时期获得性遗传的观点被抛弃，人们才重新

---

① Mayr E. The nature of the Darwinian revolution: acceptance of evolution by natural selection required the rejection of many previously held concepts. Science, 1972, 176: 982.

② 迈尔. 很长的论点. 田洺译. 上海：上海科学技术出版社，2003: 127.

③ Junker T. Die zweite Darwinsche Revolution. Geschichte des Synthetischen Darwinismus in Deutschland 1924 bis 1950. Marburg: Basilisken-Presse, 2004: 633.

开始使用简单的"达尔文主义"一词。

迈尔在研究达尔文主义理论内核时，不仅重视达尔文本人思想的研究，也对达尔文理论的支持者和反对者的思想给予了关注。杰弗里·考利（Geoffrey Cowley）曾对此进行评价："谁能够比恩斯特·迈尔更好地说明达尔文及其同时代人乃至他的思想继承者——华莱士、托马斯·赫胥黎、魏斯曼、格雷——的观点的精妙之处？"[①]迈尔对新达尔文主义的主要创始人魏斯曼的学术思想进行了深入分析。迈尔认为，在 19 世纪后期，没有人比魏斯曼能更好地理解达尔文的学说，虽然他也不知道遗传变异的根源是什么，但他树立的颗粒遗传、镶嵌进化思想，以及认识到有性生殖在遗传变异中的重要性、表现性的内聚力为日后孟德尔理论的繁荣作做了铺垫，他反对获得性遗传的思想也成为现代分子生物学中心法则的先声。

1900 年豌豆杂交实验结果被"重新发现"后，孟德尔"种豆得豆、种瓜得瓜"的遗传理论由于有坚实的实验支持，使得达尔文主义自然选择论遭到了强烈的攻击，新拉马克主义、直生论等风行一时。达尔文主义因此经历了一段黑暗时期，被称作"达尔文主义的日食"。迈尔坚持认为种质选择论捍卫了自然选择，它对获得性遗传的否定和骤然进化概念的引入，不仅修正了达尔文"泛生说"，而且对达尔文进化论进行了重要的补充和说明，使达尔文的进化论得到了进一步的发展[②]。新达尔文主义是达尔文理论经过"日食"后再次被引起重视的重要原因，是达尔文主义发展中承上启下的一个重要阶段。

（3）现代达尔文主义——第二次达尔文革命

现代达尔文主义是达尔文进化论在 20 世纪的新进展。群体遗传学证明了达尔文的进化理论和孟德尔的遗传学说不仅不互相冲突，而且相辅相成。遗传学、系统分类学、古生物学三个领域中研究进化的生物学家们以群体遗传学为基础，将达尔文理论和孟德尔学说中的合理成分综合起来，形成了一个新的理论体系，即现代综合进化论。综合进化论认为自然选择是生物界的秩序得以维持的最终

---

① 迈尔. 很长的论点. 田洺译. 上海：上海科学技术出版社，2003：封底.
② 皮特·J. 鲍勒. 进化思想史. 田洺译. 南昌：江西教育出版社，1999：314.

原因，并提出了多种选择模式，对自然选择理论进行了充分的阐述和补充。其理论还包括以下内容：自然选择决定进化的方向；自然选择具有偶然性；适应性是自然选择的结果；突变是遗传变异的主要来源，是生物进化的关键；进化的基本单位是群体；隔离是固定并保持新种群的一个重要机制等。现代综合进化论使许多之前不能解决的问题都得到了圆满的解释，促进了生物学很多学科的发展，并很快确立了其在生物学各领域中的统治地位。可以说，这是生物学界第一个获得极大成功的理论范式，也应该是 20 世纪生物学的两大成就之一（另一个是 DNA 双螺旋结构的发现）。1942 年，托马斯·赫胥黎在其《进化：现代综合》一书中将综合过程中经过修订的达尔文主义称为"现代达尔文主义"。

迈尔不仅是综合进化论的积极倡导者之一，其学术成就也是现代达尔文主义不可或缺的组成部分。迈尔将地理进化和群体思维引入了综合的框架，促进了不同学说之间的综合。他在 1942 年出版的《系统分类学与物种起源》一书已成为现代进化论的经典著作。迈尔把达尔文的自然选择分为两个步骤，使进化论综合的基础——自然选择理论真正为人们所接受。自然选择的胜利引来了一种解释世界的方式，迈尔把它称作"第二次达尔文革命"。[①]

进化论综合之后，又出现了"中性进化说"和"间断平衡"等理论，迈尔对它们——进行剖析后认为，"进化生物学中的一些争论，比如同域成种事件的发生、是否存在基因型的内聚性、物种是否经常处于静止状态、成种事件的速度、中性等位基因替代的意义等问题，都是在达尔文主义框架内进行的。达尔文的基本原理从未像现在这样坚实"[②]。这些争论只能证明：进化论的综合尚未完成。

2. 解读达尔文主义的多样性认识

《物种起源》出版后的 80 年间，进化主义者之间的意见分歧十分突出。生物学的每个领域都有各自的传统，不同国家的生物学也有不同的研究传统。这

---

① 迈尔. 很长的论点. 田洺译. 上海：上海科学技术出版社，2003：49.
② 迈尔. 很长的论点. 田洺译. 上海：上海科学技术出版社，2003：183.

就使"达尔文主义"一词的含义不断发生变化。"达尔文主义"含义的不断变化提出了一个令人尴尬的问题：哪一种达尔文主义是正确的？在所有的达尔文主义中延续下来的是哪一种？不同的达尔文主义有没有相同的地方？达尔文主义究竟有没有一个明确的定义？迈尔认为，答案存在于《物种起源》展示给我们的达尔文理论的最基本的范式中。

为了将"达尔文主义"这个词的真正内涵清晰地呈现在人们面前，迈尔将各种文献中所包括的对"达尔文主义"这个词的不同解释整理归纳为如下九类[①]。

（1）达尔文主义不是达尔文的进化理论

达尔文主义排除了包括诸如泛生论、用进废退、融合理论和同域成种事件等达尔文进化理论中的一些已经被否定的错误理论。

（2）进化论不是达尔文主义

达尔文的进化思想抛弃了本质论，也使历史因素进入了其后的哲学家们的思考范围，进化思想因达尔文而成为一个著名的科学概念，但达尔文并不是进化论之父，在他之前，有进化思想的还有布丰、拉马克等一些著名的生物学家。

（3）达尔文主义是反特创论

达尔文主义否定了物种恒定不变的观点，尤其是否定了"上帝创造"的特创论的观点。

（4）达尔文主义是反意识形态的

不仅是自然选择理论，达尔文范式中的许多方面都与19世纪中期占统治地位的意识形态完全相反。如前所述，达尔文的思想除了击败了特创论和设计论外，还摧毁了本质论、还原论、目的论、决定论等一些意识形态。

（5）达尔文主义是选择论

自然选择过程是一个长期的、缓慢的、连续的过程。通过一代代的生存环境的选择作用，物种变异被定向地向着一个方向积累，慢慢地形成了新的物种。自然选择作为进化的主要机制在进化论的综合时期得到了生物学家的普遍承认。

---

① 迈尔. 很长的论点. 田洺译. 上海：上海科学技术出版社，2003：110-123.

（6）达尔文主义是差异论

达尔文的进化概念与以前提出的转型进化概念和跳跃进化概念有本质上的不同。之前的进化论都建立在本质论的基础上，本质论者认为，一个物种内的变异是有限的，即使有所差别，也限定在一种内在的本质之内。而作为群体思想家的达尔文则抛弃了本质论的观点，提出了差异进化论。

（7）达尔文主义是达尔文主义者的信条

迈尔认为，尽管达尔文主义者之间对达尔文理论的认识上存在分歧，但对他们来说最本质的就是要确定进化到底是一种自然现象还是受上帝控制的现象。而确信自然界的多样性是自然过程的产物的这一思想即是达尔文主义者的信条。迈尔指出，划分科学共同体时，必须要考虑到该共同体所持观点的重要性。

（8）达尔文主义是一种新的世界观

迈尔认为，达尔文主义之所以被冠以"主义"这个后缀，是因为它不仅是一种科学理念，更重要的是达尔文的一些思想已成为某些意识形态的重要支柱。达尔文一些重要的新概念，如共同祖先、差异性进化、自然选择、偶然性和必然性的相互影响等，不仅击败了特创论和设计论，摧毁了本质论、还原论、目的论、决定论等当时流行的哲学观点，还代表了一种新的唯物主义的世界观。

（9）达尔文主义具有新的方法论

迈尔认为，达尔文的多数理论最终之所以可以站住脚并不是由于他的方法论，而是由于他的理论逐渐被不断发现的其他事实所证实，同时与之对立的观点则被有力地驳斥了。迈尔强调，达尔文的方法是提出他的推论所依据的证据，并用这些推论来支持他的猜想。迈尔的研究表明，魏斯曼使用的也是和达尔文相同的方法。

迈尔对以上九类观点的解读说明，达尔文主义具有多元性，这必然导致"什么是达尔文主义"这个问题不可能有简单的答案。对答案的求解，需要对产生问题的原因进行探寻。

3. 分析达尔文主义多样性认识的产生原因

达尔文主义的多样性面貌反映了人们对它的不同理解。为了更好地理解这个词的含义，以便正确理解达尔文进化思想的性质，迈尔对达尔文认识的多样性产生的原因进行了全面分析。

首先，迈尔从认识的客体上进行了分析。他认为，造成这种现象的根本原因来自达尔文理论自身。经过多年对达尔文理论的深入研究，迈尔剔除了泛生论、用进废退等不合理观点，将达尔文进化理论的合理部分分解为五个独立的学说：生物进化、共同由来、物种增殖、渐变理论和自然选择。

达尔文自己都没能意识到他的理论并不是一个单一的理论，自然就给人们理解达尔文主义增加了阻碍。迈尔认为，要正确认识达尔文主义，就必须清楚各学说在不同条件下被接受和认可的情况。研究显示，这五个学说在达尔文之后的年代里有着极为不同的命运，被人接受的情况各不同，这直接导致了对达尔文主义的多样性认识。

其次，迈尔从认识的主体上进行了分析。对某一事物的认识，往往根据认识主体的知识背景及其所处时代背景的不同而不同。每个人都会将"达尔文主义"一词与自己的概念框架进行比较，判断其是否可以整合到自己的信念体系中及可在何种程度上进行整合，因此必将导致对达尔文主义的多样性认识。而如何认识达尔文主义在很大程度上取决于评论者的背景和兴趣。对于一位神学家来说，达尔文主义就是反特创论的学说，而对于拉马克主义者、孟德尔主义者或者现代进化生物学家来说，"达尔文主义"一词因上表所列各项被接受的不同程度而有所不同。即便是达尔文主义最忠实的捍卫者、被称为"达尔文的斗犬"的托马斯·赫胥黎，对自然选择学说也不是十分信任。

迈尔从空间和时间两个角度考察了不同认识主体对达尔文主义的认识产生多样性的原因。

从空间角度来讲，不同国家的研究传统不同，所关注的意识形态不同，导致"达尔文主义"被不同国籍的人们接受的程度不同。如上文所述，达尔文的一些理论反对了许多意识形态，如本质论、物理主义、自然神学和目的论，对于这些被反对的认识主体来说，"达尔文主义"一词代表着与他们的信念相反的观点，由于这些人具有不同的意识形态，因此"达尔文主义"就不可避免地被赋予了不同含义。

《物种起源》问世以后，德国、美国和英国都很快接受了进化思想，虽然对自然选择学说起初只有少数人承认，但随后支持选择学说的人渐渐增多。苏联则很快普遍地采纳了达尔文进化理论，包括自然选择学说在内。除了政治原因外，也与种群系统学在苏联得到较好的发展有关系。相对而言，达尔文主义在法国就不那么受欢迎。《物种起源》发表之初，法国没有一个著名的生物学家站出来支持选择学说，而19世纪末当法国最终采纳进化学说的时候，他们选择的还是新拉马克主义学说。自然选择学说直到1945年以后才开始被法国人逐渐接受。然而，直到20世纪末还有人说，在法国只有巴黎、第戎和蒙彼利埃三个城市的人相信达尔文[①]。一个国家的研究传统对其学者学术思想的影响由此可见一斑。

在时间尺度上也存在着对于达尔文主义认识的多样性。由于在不同的时期，人们对达尔文范式中的不同成分有不同的兴趣，因此，可能达尔文五个学说中的某一理论在某一时期就被称作了达尔文主义。在19世纪末期，由于共同祖先学说的提出，反对特创论、赞同共同由来理论的人就是达尔文主义者；而在20世纪中叶，判断一个人是不是达尔文主义者，是否赞同自然选择就成为标准了。可见，在不同的历史时期，达尔文主义一词的含义也在发生着或大或小的转变。迈尔认为，进化的综合尚未完成，"达尔文主义"一词的含义必将不断与时俱进。

迈尔最终采纳了1895年以后人们普遍接受的两个含义：①在第一次达尔文革命时期，人们所认识的达尔文主义核心即达尔文理论中的共同祖先理论，达尔文主义意味着利用自然过程来解释生命世界。那时只需看是否反对神创论即可知某人是否是达尔文主义者。此时，达尔文主义作为达尔文主义者的纲领，意味着他们对特创论的反对。②在进化论的综合期间及以后，人们认为"达尔文主义"一词的含义是就在自然选择影响下的适应性进化和差异性进化。此时

---

① Mayr E. Darwinism from France. Science, 1996, 274: 2032.

判断某人是否是达尔文主义者的标准就变成了是否坚持自然选择。相信生物多样性的起源由自然过程而来，就是一个达尔文主义者。迈尔认为，这是仅有的两个真正的达尔文主义的含义，现代学者所使用的其他达尔文主义的用法肯定是错误的。[①]

科学理论的特性就是不断地修正自身。几乎每个科学理论都需要不断地修正和补充，但这种变化并不一定要触及理论的核心。迈尔正是在此基础上断言，达尔文主义本身是不断进化的，虽然以后仍要被修改、被完善，但这并不会对达尔文的基本原理产生影响，他坚信达尔文主义的理论内核是不会改变的。

第四节　对达尔文进化论的捍卫

对否定达尔文的自然选择学说的人来说，接受进化论就使他们处于进退两难的尴尬境地。如果不用自然选择解释进化，那么该用什么机制来解释呢？在"达尔文主义日食"期间，出现了一些其他的解释进化机制的学说。这些学说反对达尔文理论的论点主要有三：骤变学说、新拉马克学说和直生论，迈尔分别对此进行了分析及反驳。[②]

一、骤变学说

1894 年后骤变学说流行了起来，并在 20 世纪初以"突变论"（mutation）的名义占据了支配地位。迈尔认为达尔文提出的"自然选择逐渐积累变异是进化机制"这一论点之所以被人怀疑，与托马斯·赫胥黎 1860 年 4 月在《泰晤士报》发表的一篇著名评论不无关系，评论中指出，"我们认为，达尔文先生如果不因为在他的字里行间经常出现的格言'自然界无跃进'而感到局促不安，他的态度本来会比现在更强硬。我们相信……自然界的确有时也在跳跃"[③]。此后，越来越多的进化主义者认为渐进变异不足以解释物种之间及高级分类单位之间所

---

① 迈尔.很长的论点.田洺译.上海：上海科学技术出版社，2003：124.
② 迈尔.生物学思想发展的历史.涂长晟等译.成都：四川教育出版社，1990：523-525.
③ 迈尔.生物学思想发展的历史.涂长晟等译.成都：四川教育出版社，1990：544.

见到的普遍不连续性。骤变学说到德弗里的突变论产生之时发展到了一个高峰。德弗里认为正常的个体变异即使在最苛刻的情况下进行不断的选择也不能超越物种界限，因此物种的形成必然是由于突然产生不连续的变异体而导致的。这一学说得到了许多本质论者的支持。

迈尔在对德弗里突变论的反驳中指出德弗里的论证是循环式的逻辑论证，完全没有事实依据。德弗里将任何不连续的变异体称作物种，认为物种的起源就是物种性状的起源，说明他根本没有种群概念和物种是繁殖群体的概念，据此迈尔认为德弗里是一个地道的模式论者。

二、新拉马克主义

新拉马克主义者和拉马克在两个主要概念上是一致的：一是认为进化是"纵向"的进化，其实质是适应能力的提高，而忽视多样性的起源；二是认为个体的活的形状可以遗传，即软式遗传。获得性状遗传和用进废退的有关概念相结合是新拉马克主义的主要内容。不可否认，在遗传物质的本质没有研究清楚之前，新拉马克主义对适应现象的解释远比用偶然变异和选择的随意过程来解释更使人满意。基因突变及重组是进化的遗传基础被发现后，软式遗传被彻底否认，新拉马克主义在很大程度上被废弃了。

三、直生论

直生论即定向进化学说。直生论是创世说的产物，认为生物界从低等到高等存在着必然的序列。这种观点显然包含着目的论的成分。迈尔将反对直生论的理由列举如下：首先，直生论的拥护者提不出任何符合物理化学原则的合理机制；其次，详细研究这样的趋势一定会暴露出许多不正常甚至完全相反的情况（来自辛普森）；最后，当进化序列分叉时，子序列可能具有极不相同的趋向，偶尔还会和原来的趋向相反。对变态昆虫和海洋生物幼虫期和成虫的研究已证实了这一点。迈尔认为，进化趋向的形成有两种原因，可由环境的一贯变化所引起，或者由基因遗传性的内聚性引起。因此，进化趋向在达尔文学说的理论框架内很容易解释，不需要任何其他定律。

进化论综合之后，达尔文的进化理论仍然遭到了一些学说的反对。这里将这些学说与上述三种理论放在一起来说明迈尔捍卫达尔文理论的彻底性。

四、间断平衡理论

由于许多渐变进化的例子都未能通过现代技术的验证，一些古生物学家开始对渐变论的观点感到不满。考虑到化石记录中显现出来的新物种突然产生的现象，20世纪70年代又出现了埃尔德里奇和古尔德的间断平衡理论。在坚持间断平衡理论的生物学家眼里，达尔文主义者已经被看成头脑简单的"适应主义者"。

然而，间断平衡理论是建立在迈尔的外周区成种事件的理论基础上的。为了解释化石记录中的空缺之谜，迈尔1954年提出了外周区成种事件理论，即在地理上隔离的群体中发生成种事件的理论异域物种形成理论。间断平衡理论正是在此基础上建立的。这一理论认为主要的进化事件发生在时间较短的成种事件中，当成功的新物种占据更大的领域、数量变得更多后便进入了静止不变的时期，这一时期一直延续了上百万年，其间物种只发生很微小的变化。迈尔则指出，这样的成种进化因为发生在群体中，所以尽管发生的速度很快，但仍属于渐变，而且与达尔文的理论并不冲突。

五、支序分类学

从20世纪60年代发展起来的"支序分类学"则是从生物学角度反对生物进化的思想。"分支"这个词是朱利安·赫胥黎1957年提出的，用以表示进化树中上的一个分支。威利·亨尼克坚持认为，要想尝试表示进化关系，就必须将注意力放在分支过程上，忽略那些与分支无关的变化。他把他的方法命名为"系统发育系统学"，但是他依据的只是系统发育的一个单一的组分，即系谱分支

（branching of lineages），因此迈尔在对其进行研究过后用支序分类学来指称亨尼克的这一理论，这也是目前通用的名称。

迈尔认为，首先，确定共同衍征存在着很大的难度。很多支序分类学者往往低估了非同源性共同衍征出现的频率。迈尔用眼睛的进化作为例子来说明某种看起来似乎不可能的适应是多么经常地能独立达到。光感受器在动物界至少独立地发生过 40 次，而在另外的 20 种情况下还无法确定有关分类单位中的眼睛究竟是怎样来的。其次，支序分类学无法确立进化方向，即无法确立哪个是衍生性状。例如，在被子植物的无花瓣属和科的安排上就取决于没有花瓣究竟是祖先状态还是衍生状态。更为重要的是，支序学家划分分类单位并不是依据类似性而是按全系原则，即将某个共同祖先的一切后裔联合成一个单一的分类单位。这样就形成了将鳄鱼和鸟类，猩猩与人作为联合分类单位这样的不协调组合。换句话说，支序分类方法忽略了系统发育包含两个部分：进化路线的分裂；分裂出的支线随后的进化变化。[①]

六、中性进化学说

1944 年艾菲力（O. T. Avery）证明 DNA 是遗传物质，1953 年沃森和克里克提出 DNA 的双螺旋结构模型，生物学从此进入了分子时代。分子生物学揭示了生物界在分子水平上的一致性，证明了进化论关于"所有的生物由同一祖先进化而来"的理论。它在分子水平上，通过比较蛋白质的氨基酸序列或基因的核苷酸序列，使对生物进化的研究达到了定量化的程度，为研究进化的过程和机理提供了强有力的工具。然而，分子生物学的发展也使达尔文的进化理论面临了新的问题。1968 年，日本遗传学家木村资生 (M. Kimura) 提出中性学说，认为分子水平上的大多数突变是中性或近中性的，自然选择对它们不起作用，这些突变全靠一代又一代的随机漂变而被保存或趋于消失，从而形成分子水平上的进化性变化或种内变异。

---

① 迈尔. 生物学思想发展的历史. 涂长晟等译. 成都：四川教育出版社，1990: 226-233.

迈尔没有完全否认中性理论，他承认存在着中性的碱基替代现象和等位基因的选择意义，然而他认为中性论者又是还原论者，他们认为碱基对是选择的靶子，而对达尔文主义者来说，整个个体才是选择的靶子，只有在个体的性质发生改变时才会发生进化。

七、达尔文的进化理论不科学吗?

除了上述从生物学角度反对达尔文进化理论的各种学说外，进化思想本身也存在非议。著名的科学哲学家卡尔·波普尔从科学哲学的立场上来反对进化论就是一个最典型的例子。

波普尔在学术界的成名在于他找到了评判科学与伪科学的标准。他主张，科学与非科学的区别不在于证明，而在于否证。真正的科学应该让其所有的假说都去经受实验的检验，所以科学假设可以通过实验或观察而被"证伪"，而非科学理论（如玄学、占卜、宗教信仰等）则不能通过任何方式被否定。当波普尔和他领导的科学哲学家们将该标准用于进化论的时候，他们惊人地发现：进化论不是科学的！波普尔认为：按照这个标准，达尔文主义无法检验，因此是不科学的。

波普尔的这种观点立即引起了进化论者的强烈反对。迈尔认为，生物学和物理学不管从研究对象还是从研究方法上都存在本质上的不同，以纯粹物理主义的观念划分科学与非科学本身就是不可取的。针对波普尔的这种观点，迈尔从生物学的独特性充分论述了生物学应当是一门独立的科学。首先，物理学等不涉及历史的自然学科，所发生的事件是可重复的；而生物学，尤其是进化生物学的最主要特征之一就是历史性，所发生的事件是不可重复的。其次，历史只能解释，不能证明，也不能否证。对生物学历史过程的解释不存在"证明"或"否证"问题，只存在某种解释与已知的历史记录是否相符的问题。因此，用基于物理主义无历史性的所谓的"科学标准"来判断进化论是不是科学显然是很荒谬的。这一观点很快得到了生物学界的广泛支持，迫使波普尔对进化论的看法在后来不得不有所软化。

迈尔对上述学说的批判是对达尔文理论的坚决捍卫。这里需要说明的一点是，迈尔同时也科学地指出，任何科学理论都需要不断地修正，进化论创立 150 年来本身就不断地在进化，将来也会不断地进化，进化论的进化没有止境。

第五节　对他人研究达尔文的评论

迈尔对达尔文及达尔文主义新出著作的评论不仅仅是对其内容的叙述，他还利用这些机会为读者指出了远远超越生物进化论的达尔文思想持续的重要性。迈尔曾经提到了达尔文的信件及他在剑桥大学的部分论文（包括笔记）。起初他认为唯名论（只存在个体）与达尔文对群体思想的介绍有关，但他在支持唯名论的任何一位作者的著作中都没有找到足够的证据支持这点；相反，群体思维可能起源于 19 世纪中期就开始收集"系列"群体样本的博物学家，或者源于动植物的培育者。迈尔引用达尔文写给格雷（Asa Gray）（1856 年 7 月 20 日）的信："我关于物种是如何变化的观念来自农业家和园艺家的工作。"

迈尔在其对赫尔（D. Hull）《达尔文与他的评论家（批评）》的书评中，强调了 1859 年达尔文迫使他的读者从三者之中选择其一：①物种的持续产生及它们的适应性；②有目的的进化；③偶然的变异及无任何超自然力干预的自然选择导致了进化，甚至在最开始。①在赫尔的书中收集的与《物种起源》同时代的每一篇书评中的创世说都是非常重要的。

迈尔承认，对于由持续的地层或新结构的产生和由自然选择（历史的进化）引发的分类类型而导致的一个物种向另一个物种的转变，达尔文几乎没有提供什么证据。同时，达尔文也将生命起源和新的遗传变异的问题遗留下来，他对某些问题也存在一定的困惑。其中四篇支持《物种起源》的书评也仍然对自然选择的概念不那么认可，并未真正根据变异群体去思考。

---

① Mayr E. Evolution and God. Review of Darwin and his critics: the reception of Darwin's theory of evolution by the scientific community by David L. Hull [Harvard University Press, Cambridge, Massachusetts, 1973]. Nature, 1974, 240: 285–286.

达尔文关于进化的理论在北美和德国的传播比在法国和英国更顺利。自然哲学杂志 *Naturphilosophie* 早期对进化论的解释及强烈的唯物主义思潮为达尔文在德国的热情接待做了准备。

迈尔发表的两篇文章分别列表讲到了达尔文的几个进化理论[①②]：①生命是持续变化的、进化的理论；②包括人类和物种在内的生命的共同起源理论；③自然选择的概念。

在另一篇关于"达尔文主义的误解"的文稿中，几个欧洲大陆的作者明确表明了他们对原子遗传学的批评，并声称其目标并不是反对达尔文主义。当然，偶尔也有反对的声音出现，如"达尔文及其理论之死""达尔文主义：世纪的错误"等。这样的作品很快激起了迈尔的反应。他曾两次撰文耐心地指出达尔文主义的理论基础，以便更正这些作者的大量错误及误解。

迈尔在为 P. Bowler 的《非达尔文主义革命》一书所写的书评中，反驳了作者的观点，因为自然选择在 19 世纪 60 ～ 70 年代（直到 1900 年左右）都是被普遍抵制的，因此那时进化论革命是"非达尔文主义"的。作者和其他的史学家忽视了达尔文理论框架的复杂性，尤其是他的五个主要的进化理论。[③]

19 世纪晚期进化论总的胜利（第一次达尔文革命）是变异的进化。那些时期存在的非达尔文主义元素有：目的论、不连续变异及反达尔文主义者反作用的拉马克主义因素。迈尔总结：P. Bowler 的"非达尔文主义革命"的观点是个神话。相对来讲，迈尔在其对 G. Himmelfarb 及 J. Browne 写的两本有关达尔文传记的书评中，一方面密切关注了达尔文的生活及人格、智力上的发展、工作习惯、家庭关系、与朋友及对手的交往，以及其生活的其他方面、进化思想的产生、《物种起源》的接受及赞扬[④]。另外，迈尔严厉批评了 Himmelfarb 的传

① Mayr E. Evolution. Scientific American, 1978, 239: 47–55.

② The evolution of Darwin's theory. Washington Post Book World, 1980-6-22, 4.

③ Mayr E. The Myth of the Non-Darwinian Revolution. Review of The Non-Darwinian Revolution. Reinterpreting a Historical Myth by P. J. Bowler [Johns Hopkins University Press, Baltimore, 1988]. Biology and Philosophy,1990, 5: 85–92.

④ Mayr E. Concerning a new biography of Charles Darwin, and its scientific shortcomings. Review of Darwin and the Darwinian revolution, by G. Himmelfarb (Doubleday and Co., New York 1959). Scientific American, 1959, 201: 209–216.

　　Mayr E. The last word on Darwin? Review of Charles Darwin: the power of place by J. Browne. Nature, 2002, 419:781–782.

记关于达尔文理论的第二部分，作为一个史学家，其存在着许多不正确的理解。[1]Janet Browne 也是一个历史学家，而不是一个进化论者，尽管她的传记有两大卷，可她明显地感觉到分析达尔文的进化范式不是她的任务，所以她也并未讨论过相关问题。只有迈尔的两本专著中有对达尔文理论思想的简短分析。[2]

除了他的进化理论，达尔文还为现代生物学范式引入了很多概念，虽然其中的一些概念引发了长期的争论，但其仍然被某些进化论者反对。但事实上，现代生物学的概念在很大程度上要归功于达尔文。他从根本上对生命的演替，以及人类在自然界中的位置和演变过程的理性探索奠定了概念和事实基础。他的理论是生命科学纷繁研究领域统一的基础，为生物学家们理解生命现象提供了一类最有价值的思想方法。此外，在所有的知识革命中，影响最深远的就是达尔文革命。它超越了生物学领域，颠覆了他所在时代的多数基本信念。正值基于数学原理和物理定律的方法论统治科学哲学之际，达尔文将或然性、偶然性和独特性的概念引入到科学的范畴中，严重动摇了维多利亚时代的进步和完美性的观点，为哲学的新的发展趋势奠定了基础。

迈尔认为，达尔文的著作被一代又一代的年轻人学习和研究，是因为我们现在所有的思想都可以追溯到达尔文那里。无论是科学界还是科学界以外，谁也没有达尔文对现代世界观的影响大。目前许多争论的缘由就在于达尔文原著中存在着含糊其词的内容，或者达尔文本人因为当时知识的局限没有将问题解决，但是人们之所以重读达尔文的原著绝不仅仅是出于历史的缘故，因为达尔文还常常为他的拥护者和反对者提供他对一些事物的独特见解。

鉴于进化生物学新理论的不断提出，迈尔认为，应该继续发掘、梳理和探索达尔文的原始资料，以便获取达尔文思想更加准确的全貌。他曾经说过，尽管在很多论文中他都试图刻画达尔文主义对现代生物思想的贡献，但达尔文对

---

[1] Mayr E. Concerning a new biography of Charles Darwin, and its scientific shortcomings. Review of Darwin and the Darwinian revolution, by G. Himmelfarb (Doubleday and Co., New York 1959). Scientific American, 1959, 201: 209–216.

[2] Mayr E. The Growth of Biological Thought: Diversity, Evolution and Inheritance. Cambridge: Harvard University Press, 1982.
Mayr E. One Long Argument: Charlles Darwin and the Genesis of Modern Evolutionary Thought. Cambridge: Harvard University Press, 1991.

生物学哲学的重要性是如此之大，因此对达尔文理论的进一步研究具有持久而深远的意义。

第六节　对其他生物学家的研究

迈尔认为，除了新发现之外，新思想的产生是科学进步的更重要的一种体现。要想了解某一学术观念是如何形成的，需要对持有这一观念的学者的思想体系有完整的认识，这种观点促使迈尔对生物学家也进行了相当的研究。

通常人们所见的人物研究多为传记式的研究，在迈尔的观念里，传记式的研究只适合普通的读者，而对专业的读者帮助并不大。他认为有必要将对科学人物的研究和对科学内史的研究结合起来。生物学史研究是指对某一生物学家的生平、科学贡献及哲学倾向的述评。而有了人物传记式的生物学史研究，就可以据此具体展现生物学家工作的细节，将其科学精神和科学发现方法具体化，从而总结出社会生活的各个方面对于生物学家及其生物学思想发展变化的影响。因此，迈尔对生物学家的研究通常从他们的理论着手，并热衷于对其学术思想在头脑中形成的过程进行分析。

除了达尔文，迈尔对魏斯曼、霍尔丹等进化领域的几位代表性人物也进行过分析研究。对这些生物学家的研究不仅表现了迈尔的科学史研究特征，也是他生物学史思想的部分来源。

一、对魏斯曼的研究

由于魏斯曼的"种质学说"批判了达尔文的泛生论，彻底否定了达尔文的"融合遗传"学说，为遗传学说的进一步发展铺平了道路，因此对魏斯曼的研究几乎清一色地只涉及他对遗传学的影响，对他的进化思想的分析研究却是一个空白。然而，迈尔在研究达尔文进化理论时意识到，19世纪最能领悟达尔文主义基本命题的人莫过于魏斯曼了。他将魏斯曼看作19世纪达尔文之后最伟大的进化学家。为了给魏斯曼正名，强调他在进化领域的重要作用，迈尔对魏斯曼的研究集中在进化领域。

魏斯曼是进化生物学史上的一位杰出人物。迈尔沿袭自己一贯的传统，注重研究魏斯曼思想的变化。他把魏斯曼的思想分为三个阶段：1868 ~ 1881（或 1882）年，相信获得性状遗传学说；1882 ~ 1895 年，研究遗传性变异的来源；1896 ~ 1910 年，认为种质选择（配子选择）是自然选择的补充①。

为了正确认识魏斯曼的思想发展历程，了解魏斯曼是怎样对待达尔文主义的，迈尔从达尔文进化理论的五个学说一一考察了魏斯曼的观点，得出如下结论：

1）进化本身。在魏斯曼看来，进化的事实是如此的毋庸置疑，因此他的著作中根本不操心去列举事实来证明它，而只专心于研究进化过程的动因。

2）共同祖先学说。魏斯曼完全接受重演学说，并且根据这个学说分析天蛾幼虫的个体发育阶段。他认为发育序列反映了谱系序列，最年轻的幼体代表最早的祖先。

3）物种增殖。魏斯曼不承认地理隔离对物种增殖的作用。

4）进化渐进论。魏斯曼是个典型的渐进主义着，他断言骤变进化是绝不可能的。

5）进化的动因。魏斯曼抵制了进化演变的一切其他可能的动因，坚定地接受了选择论。

迈尔在对魏斯曼的思想进行考证的同时，也不忘发表自己的看法。他认为，在缺乏任何化石的情况下都不可能证明个体发育序列是谱系发生的重演。而魏斯曼相信重演律，他还给出了天蛾的证据，认为个体中斑纹的发育充分显示了它们谱系的发生。迈尔并没有从证据出发去验证，而是注意他同时又将斑纹的全部发育解释为一系列选择压力的结果，这就可以看出，魏斯曼的陈述是自相矛盾的。据此，迈尔又一次强调了科学进展中新概念的产生往往比做出新发现更重要的观点，他指出，科学中人们只能了解他们所准备了解的东西。②

---

① Mayr E. Toward a New Philosophy of Biology: Observations of an Evolutionist. Cambridge: Harvard University Press, 1988: 491.

② Mayr E. Toward a New Philosophy of Biology: Observations of an Evolutionist. Cambridge: Harvard University Press, 1988: 494.

在考察魏斯曼对物种增殖的看法时，迈尔从他参与达尔文与瓦格纳的论战中，分析得出了魏斯曼的思想。达尔文与瓦格纳之争的起因在于，达尔文在1859年出版《物种起源》时，认为同域物种形成与异域物种形成同样普遍，而这一结论遭到瓦格纳的强烈反对，瓦格纳坚持地理隔离的重要性。魏斯曼在二者的交锋中站在了达尔文一边。他认为瓦格纳过于重视隔离在物种形成中的作用。迈尔从中看出，魏斯曼在争辩中针对的并不是隔离在物种形成中的重要性，而是瓦格纳所提出的"没有隔离即使是进化演变本身也是不可能实现的"这一论点。迈尔分析认为有迹象表明，魏斯曼在19世纪70年代的遗传观念是他尽量贬低隔离的重要性的原因之一。他显然不能正视隔离种群中能产生适应得更好的种质的任何机制。尽管魏斯曼在20世纪初声称"在这个问题上我仍然坚持几乎前30年我的观点"①，但迈尔从他的著作中却发现，这时他已向瓦格纳做了重大让步。因此，迈尔认为，在研究科学家的思想变化时，不能只看他怎么说，更要看到他究竟是怎么想的、怎么做的。

历史学家传统上也许从来也没有将其他的进化主义者看作是像魏斯曼这样的极端选择论者。所以，当他们发现魏斯曼和达尔文一样也相信获得性状遗传时便感到十分意外。而迈尔却认为，魏斯曼从一开始就知道变异是自然选择发挥作用的必不可少的先决条件。在迈尔看来，承认选择与相信获得性状遗传之间并没有真正的矛盾，达尔文和魏斯曼二人一开始就承认作为产生适应的某种机制的自然选择无比重要，但他们又非常想要找到某种机制能产生自然选择发挥作用所需要的变异。获得性状遗传至少部分地提供了这样的变异。迈尔认为他们采用获得性遗传这个观点很自然，因为在19世纪80年代之前，相信获得性状遗传的人非常普遍。极少数反对这种观点的意见在这种背景下也被充耳不闻。②

迈尔在对魏斯曼的研究中指出了魏斯曼放弃了某些正确思想的原因，他总

① Mayr E. Toward a New Philosophy of Biology: Observations of an Evolutionist. Cambridge: Harvard University Press, 1988: 497.

② Mayr E. Toward a New Philosophy of Biology: Observations of an Evolutionist. Cambridge: Harvard University Press, 1988: 506.

结了三点：首先，最重要的是魏斯曼对因果律抱有非常明显的机械论观点，无法理解基因型的自发性分子变化，就他看来这样的变化永远是外部原因；其次，尽管魏斯曼是一位有丰富经验的博物学家，然而却不能将种群思想运用于物种形成；最后，魏斯曼是一位坚定的决定论者，不了解异域物种形成及适应现象的概率性。

相对而言，迈尔更加强调的是魏斯曼对生物学发展做出的伟大贡献。他总结为七点：①捍卫自然选择学说；②否定获得性遗传学说；③牢固确立了颗粒遗传；④承认有性生殖作为遗传性变异来源的重要意义；⑤自然选择的约束；⑥镶嵌进化；⑦基因型的内聚力。

其中关于发育的约束方面，迈尔特别做了说明。20 世纪 80 年代的一些学者非常自负地宣称发现了自然选择作用的约束，这其实是不了解历史，否则，就不会这样说了。迈尔指出，实际上魏斯曼早在 100 多年前就观察到了发育的约束作用，早在 1868 年他就说过，"生物有机体只有变化到一定限度的能力而且只能按它的化学组成和体质结构的方向变化。因此不能产生一切可以想象得到的变异而只能是某些变异（虽然数量可能很多）"[①]。这标志着他对进化的深刻理解。

迈尔也提到了魏斯曼为遗传学的发展铺平道路的贡献，但他还是坚持认为，魏斯曼是一个伟大的进化论者。迈尔找出了魏斯曼自己的一句话作为证据。魏斯曼在临去世前出版了《进化论讲演集》，总结了他的进化思想。在该作品中，魏斯曼声称，他在第二个阶段研究遗传学只是为实现一个更高的目标服务，这一更高的目标就是为理解生物在历史长河中的演变奠定基础。[②]

最后，迈尔肯定了魏斯曼敢于思考，勇于推论的精神，尤其是魏斯曼尽管遭到了一些实验生物学家的恶意攻击，但他终生对达尔文的自然选择都抱有不可动摇的信心。当 1909 年庆祝《物种起源》出版 50 周年时，魏斯曼就自然选

---

① Mayr E. Toward a New Philosophy of Biology: Observations of an Evolutionist. Cambridge: Harvard University Press, 1988: 503.

② Mayr E. Toward a New Philosophy of Biology: Observations of an Evolutionist. Cambridge: Harvard University Press, 1988: 492.

择的成功发表了一篇强有力的宣言。像这样宣布宣言需要有极大的勇气与忠诚，因为当时由于分子学的瞩目成就，孟德尔主义盛行，自然选择学说正处于困难最严峻的时刻。[①]

二、对霍尔丹的研究

迈尔对霍尔丹的研究相对于前两位来说，就简单得多了。他仅仅是评论了霍尔丹的思想。迈尔在庆祝遗传学家霍尔丹诞辰 100 周年时，评论了霍尔丹的经典著作《进化之因》（1930），以及 1990 年的再版版本[②]。该书最主要的目的是综合孟德尔遗传学与达尔文进化论，像费舍尔一样，霍尔丹有力地驳斥了软遗传，以至于杜布赞斯基在 1937 年笑称他几乎在这个话题上没什么可做的了。迈尔从历史的角度，将霍尔丹的进化观点与当时被普遍认同的观念进行了比较。[③]

霍尔丹反对孟德尔主义把"突变压力"看作一个优先于自然选择的信条，因为进化因素的重要性仍未被普遍接受，他用了很长的一个章节来讨论和陈述：增加了"遗传学基础上的表型变异的起源"一节，得出结论"自然选择是作为一个整体的物种的进化改变的主要原因"。霍尔丹注意到与表型相结合的"中性性状"，在大量基因的多向性基础上，霍尔丹最先开始了利他主义的讨论。

博物学家最主要的贡献是把生物多样性的进化引入了进化论的综合。[④]费舍尔、霍尔丹、怀特等人常以群体适应的保持等来考虑进化变化。然而，他们没有考虑背景因素对进化生物学的生物多样性及其起源、地理性变异与物种形成的影响。在那个时代，另一个相对被霍尔丹和大多数进化论者所忽略的问题是性选择。尽管如此，总的说来，霍尔丹对进化的解释相当充分。他在驳斥创世论时，指出了灭绝的次数、寄生的频率和可怕性。

在《代达罗斯》一文（1923）中，年轻的霍尔丹表达了对未来的想法，讨

---

① Mayr E. Toward a New Philosophy of Biology: Observations of an Evolutionist. Cambridge: Harvard University Press, 1988: 517.

② Mayr E. Haldane's causes of evolution after 60 years. The Quarterly Review of Biology,1992, 67: 175–186.

③ Mayr E. Haldane and Evolution. Proceedings of the Zoological Society of Calcutta,Haldane Commemorative Volume, 1993: 1–6.

④ Mayr E. Haldane's causes of evolution after 60 years. The Quarterly Review of Biology,1992, 67: 181.

论了一些深刻的信仰与希望。他对人类的未来是乐观的。他相信科学，尤其是生物科学会带领我们达到预期的目标，科学对于霍尔丹来说是"无尽的边境"，他预言从农业社会到几乎完全工业化的社会，人类将会完全城市化。他相信科学利益的中心存在于生物学，讨论了优生学①。迈尔相信如果在今天，霍尔丹看到人口过度膨胀、环境破坏等状况就不那么乐观了。他将很高兴看到正像他所预言的那样，生物学事实上已经成为科学的女王，尤其是分子生物学的瞩目的成就。霍尔丹曾对人类健康的发展，特别是人类营养学、预防药物的大部分被忽视的领域之一做了大量的思考。

由以上几例对人物的研究可以看出迈尔对科学人物研究的特点，即他往往从对其学术成果的分析角度出发对人物进行评价，关注其思想发展的历程。

此外，迈尔在评述生物学史家时尽力在避免把研究对象英雄化。迄今所见的关于有杰出贡献的学者的传记性著作很多，普遍倾向于宣传他们的成功。比如，介绍诺贝尔奖获得者的这类著作往往是一种偶像化了的传记，结果出现了一种"'我——怎样——成功'综合征"。这是典型的科学研究中的"英雄"观，把历史的真实理想化了。这是由于普通群众对"英雄生平"特别感兴趣，科学家被塑造成现代英雄，同蒙昧主义和无知的罪恶做斗争②，这种传记的撰写方式迎合了大众的需求，很受欢迎。而迈尔并不刻意去美化哪个科学家，甚至经常客观地指出他们的错误观点及不足之处。

很多同事及朋友都极力劝说迈尔写一本自传，但迈尔始终没有这样做。在人物传记中，自传相对而言更缺乏客观性。因为记忆是一个动态的现实，虽然人名、日期和地点常常是准确的，但受到近因效应的影响，之前的思想状况不一定可以正确地反映出来，或多或少地都会发生记忆的重组现象。不管主观愿望怎样，这种情况都是不可避免的。③他还曾经开玩笑说，如果让他写传记的话，他难免会自夸一番，如没有几个人可以有幸受到日本天皇和皇后在自己家里招待的待遇，也没有几个人可以自己庆祝获得博士学位75年等。因此，迈尔

① Mayr E. Haldane's Daedalus// Dronamraju K R (ed.).Haldane's Daedalus Revisited. Oxford: Oxford University Press, 1995: 79–89.

②③ Bernadino Fantini. 当代生命科学史中的一些方法论问题. 李佩珊译. 科学对社会的影响, 1991,4: 16.

认为传记还是由别人来写更加客观。

　　迈尔对科学人物的研究是相对客观的，这种写作方式完成的科学家传记，对于读者了解科学家自身的学术观念甚至本学科发展脉络的普及，大有裨益。毫无疑问，迈尔在他对这些生物学家的生存环境、科学背景、观念来源、思想转变等方面的综合研究，也是他自己生物学史思想的重要来源。

生物学史的思想内涵

长达 80 万字的《生物学思想发展的历史》使迈尔获得了萨顿奖。在此书出版之前，生物学的历史基本上都被简单地编成一个大事年表、一个按照事件发生先后顺序的记录、一种对事实的简单描述，而不是试图去解释它们。从整体上把握整个生物学史上各种思想的发展的书还没有问世。迈尔填补了这一空白。他在《生物学思想发展的历史》展现了自己独特的生物学思想史，描绘出了一幅现代进化生物学主导思想的背景与发展的图景。几乎所有研究生物学史的人都受到了这本书思想或多或少的影响。它获得了广泛的评论和喝彩。在很多杂志、报纸及期刊中，评论家们描述该书是一位重视细节、阐释及综合的大师的作品，是一部权威的、惊人的、历史性的、包括无限学识的巨著。

生物学史首先是科学史。迈尔的科学史思想是其生物学史思想存在的基础。科学史即思想发展史，这是迈尔一贯坚持的理念。这一思想影响了同期的三四代生物学家，至今仍是生物学史研究最重要的途径。

在科学史研究中，迈尔最反对的是给科学家贴标签，具体到生物学领域即生物学史中经常出现的"活力论者""先成论者""目的论者""突变论者""新达尔文主义"等词语。迈尔认为，这种给生物学家贴上的笼统的标签往往会蒙蔽人们的眼睛，使人们不自觉地产生思维定势，从而不能准确地对生物学家进行评价。他的著作中完全摒弃了这一做法。

从事科学史研究的工作者都清楚，如果缺乏透析能力，科学事件的历史可能就简单地成了一个科学史大事年表、一个按照科学事件发生先后顺序进行的记录、一种对科学事实的简单描述。这种编年史的写法显然是不可取的。人们通过这种编年史了解的仅仅是科学事件的表面，而不能深入了解其产生的深层原因。只为罗列历史事件而成的所谓的历史，已经不为人们所接受了。只有跨文化的、跨学科的、广泛的探讨，才能对当代科学的动态及其对哲学、文化和社会所起的作用，做出深刻的理解。迈尔认为，生物学史尤其不能变成枯燥乏味的编年史。对于有生命的、具有万千形态的生物来说，其历史必然是丰富的、多样的。若要把握其历史，首先要分析历史脉络，亦即生物学概念发展的历史。

迈尔对于生物学史也提出了他的思想。其中最重要的观点是：生物学史即生物学问题的历史。他通过提出各种问题及对其进行回答的方式，将不同的主题按时间顺序连接起来，形成理解生物学史主要的线索。这些以问题为源头形成的线索，就构成了概念的框架。每个概念的发展都是对问题答案的探索过程或者解决过程，由此而形成了生物学史。生物是进化的，生物学史也是进化的。区别只是在于，生物的进化是生物群体的进化，是生物体的变异与选择的互动。而生物学史的进化则是生物学思想的变异与选择的互动。生物学史上存在的很多概念和理论都有着其产生的理由，生物的多样性及其独特性决定了生物学的理论不可能像物理或数学理论一样具有唯一性，因而得出结论：生物学不是非此即彼的。

迈尔诸多的生物学史思想都可以在他的著作《生物学思想发展的历史》中觅见端倪。他进行生物学史思想的研究，是为了展现出涉及各个方面的完整的生物学发展的历史。此外，对生物学史思想的研究可以发现生物学家们的思想倾向，并分析出其中的关键性的和特殊的方法论问题，从而有助于生物学的进一步发展，有助于年轻一代对生物学进一步研究形成科学的思路及方法。迈尔在相关领域进行了大量的探索，并把自己的思想贯穿于全书中。这样的写作手法体现了迈尔生物学史思想的独特性，当然，也难免有将生物学史过于自我化的嫌疑。辛普森就曾经笑称，迈尔的《生物学思想发展的历史》一书是"个人生物学"。

姑且不论辛普森评价的公正性，迈尔可以凭借《生物学思想发展的历史》

一书被授予萨顿奖，最重要的原因是，该书讨论了生物学多样性、进化和遗传三大方面的问题，其中涉及的生物学概念数量之多前所未有。他不仅对一些现代概念进行了澄清与重新阐释，而且还提出了一些独特的生物学史思想，体现了他对生物学史的独特见解，其为生物学史领域所做贡献的广度和深度都是非凡的。

第一节　科学史即思想史

科学史是一门特殊的学科。一方面，它的研究对象分布极其广泛，各门学科自身的发展、与历史的关系、与其他学科的关系、与文化的关系等，都属于它的研究内容范围；另一方面，它的专业研究人员数量相对极少，很大一部分科学史家都是因爱好而将科学史作为自己的业余爱好的。而今随着人们对科学史重要性的逐渐认同，科学史的研究已经发展成一门独立的学科，研究范式也逐渐建立起来。

在科学史学科的史前时期曾经出现了一些科学家的学科史，还有一些具有哲学倾向的综合通史。但这些直到包括萨顿在内的全部编史学传统，都没有脱离传统的实证主义的编年史。后来出现了一股主张研究原始文献、研究作者当时想的是什么的科学史研究风潮。法国科学史家柯瓦雷 (A. koyre) 是这种科学史研究方法的开创者和主要代表。他毕生致力于研究 16 ~ 17 世纪基本科学观念的形成过程，为我们提供了一幅有说服力的近代科学革命的图景。柯瓦雷认为，17 世纪科学革命既改变了近代思想的内容，也改变了近代思想的框架本身。科学本质上是观念，科学观念的发展是内在的和自主的，科学史是观念内在更替的思想史。因此，科学史研究应该将注意力集中在科学观念的内在演变上。他的《伽利略研究》一书充分展示了"概念分析法"的威力。通过对大量历史文献的解释，柯瓦雷指出，导致伽利略新物理学和新天文学诞生的，不是新事实的发现，而是新观念的出现，而这些新观念与当时的哲学、宗教、形而上学的观念交织在一起，密切相关。

在柯瓦雷的示范下，20世纪五六十年代出现了一大批科学思想史的优秀作品。生物学史学家那夫乔(A. O. Lovejoy)写的《自然界的伟大链索》就是其中之一。迈尔曾声称："我在这一本书学到的东西比我所读过的几乎所有其他的书都要多。"[1]受这种思想的影响，迈尔形成了"科学史就是科学思想史"的观念。

同样，生物学史就是生物学思想发展的历史。迈尔在其生物学史的撰写过程中，始终贯彻了这一原则。如迈尔所说，"研究一个领域的历史是理解这个领域的概念的最好途径"。追溯某个思想从起源历经无数变化直至今日，正是迈尔推崇的生物学史研究思路。《生物学思想发展的历史》一书从生物多样性、进化、遗传和变异三方面，梳理出了从古代至拉马克、达尔文及达尔文后直至20世纪80年代的生物进化思想的发展脉络。

迈尔对生物学思想发展史的研究，是以概念的发展演化为线索的。重视概念的发展演化，这条迈尔一直践行的编史纲领，也是其能够吸引生物学领域之外的读者的根本原因。普通的读者对生物学的概念很难准确把握，而迈尔则很好地解决了这个问题。他对概念的解释要追溯到概念产生的源头，提出"为什么会产生这一概念"及"该概念是在何种背景下产生的"这一类问题，分析概念产生的原因，然后按时间线索，逐一列出对该概念做出贡献的每一位生物学家，分别找出他们对概念的修订处，挖掘各生物学家对某处进行修订的思想根源，如此一来，直到最近的概念为止。这种方法重建了概念形成的过程，读者不需要很深的生物学功底就可以理解。而对于生物学专业研究人员来说，也有助于他们更深刻地理解概念的内涵及外延。

人们可能会产生一种错觉，以为科学史研究只关注特殊性，但事实并非如此，对概念发展的历史研究正是迈尔追求内在联系的体现。某个概念的形成，并不是孤立的过程，它的每一步发展都是在前一个或多个概念的基础上实现的。迈尔正是要从中找到概念之间的连续性，找到生物学家继承与扬弃前辈人的思想变化经历。追踪生物学家思想的变化，对科研工作者有一定的借鉴意义。对于成功的案例，可总结其经验，向其学习；失败的案例更是前车之鉴，可使科

---

[1] http://www.tianyabook.com/zhexue/shengwuxue/001.htm.

研工作者少走许多弯路，更应为人所重视。

迈尔获得了很多项世界殊荣，唯独没有获得过诺贝尔奖。他曾说，那是因为诺贝尔奖着重于科学事实或科学理论的发现，而不是科学思想的发展过程。因此，没有获得诺贝尔奖并没有使迈尔有什么遗憾。迈尔常说，如果真有诺贝尔生物学奖的话，达尔文也绝不会因为他的自然选择或者进化论而获得这个奖，因为那只是个无法验证的概念，而不是一个新发现。诺贝尔作为一名工程师，未必能了解这一点。事实上，任何科学发现或者科学理论的形成，都是科学家思想的结果。

第二节　问题是生物学史的聚焦点

迈尔主张，问题是生物学史的聚焦点。如何顺利开展生物学史的研究呢？

科学是一个连续的统一体，对于一个理论或概念的起源，要想穷尽其历史中发生的所有事件，是一项不可能完成的任务。对于一个给定的主题，历史学家不可能追踪到其所能得到的资料的全部知识。这时首先面临的就是资料的选择问题。生物学史研究的第一步，同样也是资料的选择。

首先，研究者需要了解在特定的历史阶段与研究主题相关性最大的知识，并以之作为研究的起点。在某种意义上，材料的选择涉及方法论问题。材料的选择必须严格。然而，只要选择就不可避免地会出现或多或少的主观预期和先入之见，不自觉地就会用现在的概念、理论的联系和解释去设想过去。此时，问题就成了最好的选择工具。

问题如何成为最好的选择工具？从迈尔的生物学史思想中可以找到答案。通过问一系列正确的问题，来具体分析某个生物学史事件、学说或人物，以此来总结出相关理论及概念演进的一般模式。这样，学者对于材料范围的选择就有了大致框架，对具体内容的选择就有了明确的目的性。

问题的提出有一定的原则，其目的是要具体说明一个新的学说或概念区别于其他学说或概念的独特点。问题一旦提出，其解决的过程或者尝试解决的过程就形成了该问题的历史。一系列这样的问题就组成了科学的历史。因此，科学的历史首先是科学所面临的问题及解决（或试图解决）这些问题的历史，而这是一个持续而又永无休止的解答问题的过程。同样，生物学史也是生物学中一个又一个问题的提出及解决过程。

生物学由于具有与生俱来的独特性，尤其是其偶然性，这就决定了生物学史的聚焦点显然不可能是定律，而只能是问题了。因此，问题对生物学史的意义尤为重大。迈尔曾经指出，生物学是要研究历史而不是时代。生物学史家应当努力于追溯问题的起源，并从开端起跟踪其演变、分化，直到问题解决，或者是延续至今。

对问题的追踪回答必然要涉及影响问题变化的因素。在迈尔的生物学史中，问题随着概念的发展而变化，而概念之所以不断发展变化，究其原因莫过于两点：内因与外因。正确认识概念发展的内外因，是追踪问题的基础。

概念本身的发展是内因。大多数早期的科学史，特别是专业性比较强的学科史，都是从事科学研究工作的科学家撰写的，他们认为促使科学发生变化的动力，理所当然地来自科学领域本身之内，即内因。他们只看到了概念变化了的表象，而未看到引发变化的原动力。

科学史中真正的关键事件总是发生在科学家的头脑中的。可以这样说，当试图去分析研究一位科学家时，必须努力像他在进行工作时想的那样去思考问题。因此，了解科学家的文化与知识背景是尤为必要的。当科学史变得更加职业化或专门化时，历史学家和社会学家开始研究分析科学思想的发展，他们倾向于研究当时一般的知识、文化、社会背景的影响，他们认为，外因是概念发展变化的主要原因。

在科学的发展过程中，外因与内因究竟谁更重要这一问题引发的争论很多，至今也没有定论，甚至将来也不可能有。生物学史作为科学史的一门具体的学科史，也要面临相同的问题。

既是杰出的生物学家又是卓越的生物学史学家的迈尔，同时具备科学家及科学史学家两种背景，他对影响概念发展的内外因的看法相对更客观，更具有说服力。尽管有着深厚的生物学背景，但迈尔并不认可大多数自然科学出身的科学史学家的一贯看法。他认为，内外因思想要相结合，在看到内因引起变化的同时，也要注重外因的影响。

以迈尔的《生物学思想发展的历史》的撰写为例，迈尔认为，他首先是一个生物学家，所以他更关注生物学的问题，以及生物学的概念发展的历史。因此，他将大量精力用来分析诸如自然选择、物种等概念的发展过程。对于每一个概念都是从其产生的那一刻开始进行追踪，对其每一步发展的原因都进行了深入分析，并且指出该步发展的不足之处，以此揭示下一步发展的原因。这种例子在《生物学思想发展的历史》一书中随处可见。

同时，迈尔在分析概念发展变化的原因时，也并未忽略政治制度、社会背景及科学家的生活环境等外部因素对生物学史的影响。迈尔提出"为什么自然选择学说单单就在英国发展起来，而且实际上有四次独立的发展？""为什么真正的群体遗传学在俄国兴起"？"为什么贝特森对遗传的诠释几乎彻头彻尾都是错误的？""为什么柯仑斯把精力分散在各式各样的外围问题上，因而从1900年以后他对遗传学的主要进展贡献甚小？""为什么摩尔根学派在那么多年里花费了很大精力去巩固已充分建立起来的关于遗传的染色体学说而没有另辟蹊径？""为什么德弗里和约翰逊在正统的遗传学研究中运用他们的发现远比在进化论上得心应手？"等此类问题，试图进行回答。通过提出和回答"什么事态使得一位科学家能发现为其同时代人所忽略的新事物？为什么他能摒弃传统的说法而提出一个新的解释？他从什么地方得到启发而采取新的途径？"等这样一些问题，迈尔进行了对生物学学说和概念演变原因的探索。

可见，问题作为生物学史的聚焦点，有着极其重要的作用。一系列的问题形成了问题线索。根据问题线索对问题逐一进行回答的过程，就是历史形成过程的重现。

第三节　问题线索形成概念结构

根据科学史家对六个问题(何人？何时？何处？何事？如何？何故？)的回答，迈尔把科学史分为以下几类：辞书编纂式历史，编年史，传记式历史，文化和社会学式历史，疑问式历史。简单地将历史事件串联起来，做个详细的编年表，这样的生物学史写作方法是迈尔极力反对的。

迈尔推崇的生物学编史方法是疑问式方法。疑问式历史的精髓是问为什么，这是迈尔的科学史观中最重要的一部分。"在疑问式历史中重点是从事专业工作的科学家以及他的观念世界。他所处时代的科学问题是什么？在企图解决问题时他拥有一些什么样的观念和技术手段？他所能采用的方法是什么？在他所处的时代中有些什么流行观念指导他的研究并影响他的决断？像这一类性质的问题形成一条问题线索，沿着这条线索进行研究是疑问式历史研究的主要特征。"[1]

迈尔曾经在论及生物学的发展时，说过一句发人深省的话："最重要的也许是生物学家终于能受人尊重地提出为什么的问题而不致被怀疑为目的论者。"一个"为什么"问起来似乎很容易，然而答起来却不那么简单了。"为什么"通常是个形而上的问题，从"为什么"入手，常常迫使人们不得不打破沙锅问到底。但是，由于原因链和目的链不可能无限进行下去，为了避免出现面对无穷尽的尴尬局面，人们往往会诉诸第一原理或者终极原因，那些看似一劳永逸实则不明所以的答案并不能解决人们的困惑。相对而言，问"怎么样"或者"是什么"之类的形而下问题就容易多了。

对"为什么"的问题的回答显然不可避免地具有一定程度的臆测性和主观性，然而这能迫使人们去整理研究结果，迫使人们采取符合臆测推理的方法不断审查自己的结论。由于生物学概念的复杂性和争论涉及时段的长期性，这种方法很有效。"为什么"问题的合理性目前在科学研究中，特别是在进化生物学中已经牢固地建立起来，在历史的撰写中就更顺理成章了。

---

[1] Mayr E. The Growth of Biological Thought: Diversity, Evolution and Inheritance. Cambridge: Harvard University Press, 1982: 5.

在迈尔的疑问式历史中，主要侧重于解决问题的企图和努力的历史，如受精作用的实质和进化的定向因素这样的一些问题。不仅要介绍为了解决这些问题而尝试成功的历史，也要介绍尝试失败的历史。在对待生物学中的主要争论时，要着力分析对手方面的思想体系，以及用来支持他们学说的特有证据。

从《生物学思想发展的历史》一书中可以找到很多应用疑问式历史的方式来写的例子。这也是思想史学派常用的概念史分析方法，可以更好地对科学问题和概念的历史进行探讨。

迈尔在《生物学思想发展的历史》的第一章明确表示，他是作为一个生物学家而从事生物学史研究的，他的目的是让读者或学生更好地理解目前的科学问题，因此，当前所面临的问题及相应的立场和眼光，不可避免地在历史材料的选择中发挥主导作用。他承认，研究科学的社会文化史固然十分重要，但像他这样注重技术性细节的概念发展史同样重要，因为在某些科学（如进化生物学）的发展过程中，确实存在着一以贯之的问题线索，而且这条线索延伸至今，形成当代科学家的概念结构。

迈尔强调，对待支配现代生物学概念的发展问题，不必探求非常短暂的时期，或者没有对其后的生物学历史进程留下任何足迹的死胡同。他尤其对科学问题的历史及其解决方式感兴趣。他追溯一个思想、概念、争论的起源，将足够的注意力集中于不同时段的表述上，并对当时的周围环境给予特殊的关注。迈尔从形成那段历史的十分流行的某个人的观点开始他生物学史的研究工作。一些历史学家错误地认识这种方法，甚至将其贴上了"辉格史"的标签。

"辉格史"是英国历史学家赫伯特·巴特菲尔德创造的一个编史学概念。所谓的辉格史，即从当下的眼光和立场出发，把历史描写成朝着今日目标发展的进步史。巴特菲尔德认为，辉格史因为过分注重现在，反而忽视了过去，忽视了真正意义上的历史。历史人物和事件只有放在当时的环境和条件中，着眼于当时的理想和目标，才可能得到真正的理解。因此，历史学家不应该强调过去与现在的相似之处；相反，应该着重发现不同之处，发现的不同之处越多，对历史的理解就越深入。这种反辉格史的编史立场在科学史研究领域赢得了多数科学史家的认可。①

　　事实上，迈尔并没有像别人说的那样以辉格史方法去分析生物学史。迈尔反对那种现在即历史过程不可避免的成果的观点。②如迈尔所说，如果"辉格"一词习惯于用来描述历史工作的本身，那么它就不能被称作真实的历史的、发展的编史学。因此，迈尔对待历史往往是将过去与现在紧密联系起来的，这是迈尔处理历史的一个主要特征。③

　　迈尔之所以被人误会，是因为他曾经说过，每本著作所要达成的目标总是有限的，完全的反辉格是做不到的。因为编史就是选择，而一旦选择就有辉格倾向。在历史书写作过程的每个阶段，主观性都可以出现。即使在陈述事实时历史学家也具有主观性，因为他在决定取舍、挑选事实并阐述它们彼此之间的关系时所依据的价值观念标准就都是有选择性的。特别是当问到为什么并寻求解释时更是如此，不运用自己本人的判断就不能得到解释，而自己本人的判断就不可避免地带有主观性。主观性的陈述往往比一本正经的客观性陈述更激动人心，因为它更具有启发性。

　　虽然在一定程度上主观性是可以容许的，但迈尔还是着重强调了避免主观变成偏见的重要性。评价前代科学家时历史学家们常常不是走向这个极端就是偏向另一极端。他们或者采取严格的回顾方式，完全按现代的知识和理解去评价过去，或者完全不顾事后的认识只按当时的认识来阐述过去，这些都是不可取的。

　　赫尔1994年为迈尔进行了平反。他认为，迈尔的史学著作在基本意义上不是"辉格"的。这点从《生物学思想发展的历史》一书即可得到验证。在写作该书时，为了让人们更准确、更深入地理解生物学的当代问题，迈尔利用所掌握的材料，努力把过去与现在、辉格与反辉格、主观与客观的比重调整到了最适程度，严格以问题为线索，追寻概念发展的路线，最终得到最先进的概念结构。

① http://www.caogen.com/blog/Infor_detail.aspx?ID=203&articleId=7752.
② Mayr E. When is historiography whiggish? Journal of the History of Ideas,1990, 51, 301–309.
③ Junker T. Factors shaping Ernst Mayr's concepts in the history of biology. Journal of the History of Biology, 1996, 29: 29-77.

第四节　思想史是变异与选择的互动

迈尔 1958 年读那夫乔的《自然界的伟大链索》时，"忽然意识到一个论题"：概念、问题、观念（思想）正像生物有进化过程那样，也在进化[①]。

科学是不断发展的。在对进化论进行研究时，迈尔认识到自然选择的过程也可以适用于科学概念的进化，因为思想的历史像生物界一样存在着变异与选择的互动。同科学一样，科学史也要随之发展。然而，由于在任一特定时间里，成文史仅仅只能反映当时的认识，它们取决于历史的写作者如何去理解当时生物学的经验性和机械性色彩[②]，因此必须紧随时代潮流的步伐。

就物理、数学科学而言，它们研究的系统是相对简单、单一的系统，其组成成分如基本粒子等，被认为在宇宙中是无所不在的。本质论的形成就基于此。所以，对于物理、数学等学科，规律或定律起着重要的解释作用。一个独特的物理事件的发生通常是把它归并到一条普遍的物理定律中而得到解释的，而同一类数学问题也必然是根据同一个定理来解决的。对于物理、数学之类的科学，其定律都是可以验证的，错误的定律经不起验证，就会被马上抛弃。因此，其历史也存在着定律的完善过程，但大多为一个又一个新理论的发现。

生物学中的规律是独特的。迈尔认为，生物学具有很大的或然性，因而生物学试图描述的事件在某种意义上是特异的事件。因此，进化生物学中的解释就不可能像物理科学那样是由理论或定律提供的，而是由历史叙述提供的。而生物学史的发展即生物学思想的发展。某个理论或概念的出现通常基于某种事实，而生物界的或然性决定了生物现象的特异性，一个理论或概念往往不足以解释或概括所有的现象。因此，同一时期，总会有不同的理论来描述同一个现象，会有不同的概念来概括不同的现象。它们通常各有所长。

在选择了某一理论或概念的同时，一旦发现它不能够解释另一些现象，或不能够概括另一些现象时，生物学家们就试图改善这一现象，他们会思考问题

[①] Mayr E. Response to Walter Bock. Biology and Philosophy, 1994, 9, 373.
[②] 迈尔 . 生物学思想发展的历史 . 涂长晟等译 . 成都：四川教育出版社 , 1990: 2.

的症结所在，如何去弥补或者完善。此时，他们的思想开始"变异"了。这些生物学家通常采取的手段是"取其之长，补己之短"。这就开始"选择"了。他们选择不同的理论或概念中的合理部分，补充或者替换自己理论的某些不合理成分。不合理的部分再次被发现时，又会开始新一轮的同样的过程。理论或概念就在这个过程中不断成长至今。所以，生物学思想就是变异与选择的互动。

综观整个生物学史，生物学中大的颠覆性的革命很少发生，理论或概念的发展往往呈缓慢的逐渐变化的趋势。根据达尔文的进化认识论，进化由变异（新理论的持续的建议）和选择（成功理论的存留）构成。在迈尔看来，生物学史的发展也一样，它的变革与正常科学时期之间并没有明显的区分。

迈尔将他的看法总结为如下几点：[①]

1）生物史上确实存在重大的和微小的变革；

2）即使是重大的变革也不一定代表突然、激烈的范式改变。一个较早的或者稍后的范式可以长期共同存在，它们并不是必然不可通约的；

3）生物学的活跃的分支看来似乎没有经历"正常科学"时期，在大的变革之间总是存在一系列小的变革。没有这些变革的时期仅在生物学不活跃的分支中可见，但称这样平静的时期为"正常科学"并不合适。

简而言之，迈尔的这一思想的主要内容是：生物学史的发展是从一个个小的变异经由一定的选择而产生的，很少有突变的现象出现。迈尔认为，库恩的科学革命理论并不适于描述生物学概念的发展。

思想也像生物一样在不断进化。迈尔将达尔文的这一进化理论用于进化的编史学研究。他认为，思想的历史就像生物进化的历史，缓慢而不断进行着。他的"思想的历史像生物界一样存在着变异与选择的互动"这一观念一经提出便被很多人积极响应，影响了其后的几代科学史学家，甚至出现了"科学观念的进化论转向"之类的思想。

---

① Mayr E. The advance of science and scientific revolutions. Journal of the History of the Behavioral Sciences,1994, 30: 328–334.

第五节　生物学不是非此即彼的

从萨顿对科学史的定义可知，暴力、专横、错误和斗争在科学史中无处不在、无时不在。科学的道路从来不是笔直的，总是有彼此对立竞争的学说。作为生物学、生物学哲学和生物学史领域的全能专家，迈尔对待历史和事实的谦逊态度值得敬佩。他在评价科学观念的时候是非常客观的，体现在以下几点。

一、重视错误思想的研究

迈尔在面对生物学中的争论时，并未对错误的学说或者对立的观点采取完全否定的态度；相反，他很欣赏黑格尔的"正题—反题—合题"三段式。迈尔相信一个反题只有在明确地叙述正题时才最容易引出，问题只有通过正题与反题不可调和的直接对立才最容易解决，最后的合题也才能最快地达到。迈尔曾经说过，"学习一门学科的历史是理解其概念的最佳途径。只有仔细研究这些概念产生的艰难历程——即研究清楚早期的、必须逐个加以否定的一切错误假定，也就是说弄清楚过去的一切失误——才有可能希望真正彻底而又正确的理解这些概念"[1]。在迈尔看来，研究错误的观点及学说有助于更好地认识正确的观点及学说，因此他非常重视对错误观点的研究。

对错误学说的研究可以促使人们重视支撑错误学说的事实依据。这些事实也许对支持另一种不同的解释方案十分有用。例如，自然神学对自然界中的各种方式的适应现象积累了大量的观察资料。一旦把"设计"换上自然选择的这些资料就可以全部并入进化生物学中。自然神学家 Reimarus 和 Kirby 的动物行为学观察后来成为研究动物行为学的最有价值的基础。海克尔的重演学说，即生物机体在其胚胎发育时要经历其祖先的形态阶段，对比较胚胎学产生了极大的促进作用。

因此，迈尔提倡，在否定错误学说的同时，也要注意不能忽视其对历史的积极意义。

---

① 迈尔．生物学思想发展的历史．涂长晟等译．成都：四川教育出版社，1990.

二、反对非此即彼的态度

不可否认，科学史的一大特点是大幅度地左右摇摆。每当一个全新的学说出现时，以前所接受的某些事实也被抛弃。迈尔主张要严肃对待被淘汰的学说。由于绝大多数重要的新概念和新学说依据的都是早就存在的一些事实和概念，这些事实和概念如果不能被恰当地联系起来，错误的思想就会产生。错误的思想曾经被人接受就说明其中可能存在一些合理的成分。迈尔认为，"几乎每个理论都是部分正确、部分错误的，通过抛弃那些错误的部分，综合理论就变成可能的了，现在几乎被所有的进化学家所接受"[1]。否定某一学说或研究传统的一部分并不一定要对整个理论全面否定，在否定某一学说时要注意吸取其合理成分。非此即彼的态度很可能会使某些合理成分一并被抛弃，而且有时候非此即彼的问题实际上不过是同一问题的两个方面而已。

"正如在生物学史中所极为经常发生的那样，相互对立的理论没有一个在最后流行起来，相反是折中的融合。"迈尔这个见解很独到。17～18世纪，很多人在探索怎样从一个简单的细胞发展成为复杂的有机体。关于有机体的个体发生有两种截然不同的理论。预成论者认为卵中存在某种预先形成的东西，作用在于使卵转变为成体，更为极端的是，干脆设想卵里含有同一种类的一切未来世代的预成"小体"或微型；而渐成论者认为，是一个全然不定型的卵逐渐分化，形成成体的器官。现在的胚胎学就可以证明，两者都包含正确的因素——渐成论者阐明了初始阶段的卵基本上没有分化，预成论者肯定了卵的发育受某种预先存在的东西（即现在认识到的遗传程序）控制。即使在生物学史上，也不容易找到非此即彼的完美例子。迈尔很有见地地指出："如果以为任何一个时代总是由一种思想基调亦即说明框架或思想体系所决定，又由一种新的而且常常又全然不同的概念框架或思想体系所取代，则是错误的。"

三、着力分析对立的思想

迈尔经常着力于分析对手方面的思想体系及用来支持他们的对立学说的特有证据。他会努力去想象这些错误理论是在什么样的背景下被提出的？作者的

---

[1] Haffer J. Ernst Mayr—bibliography. Ornitholog Monogr, 2005, 58: 73-108.

思路是怎样的？失败的原因是什么？其中有什么合理成分？这是因为迈尔坚信，"只有仔细研究这些概念产生的艰难历程——即研究清楚早期的、必须逐个加以否定的一切错误假定，也就是说弄清楚过去的一切失误——才有可能期待真正彻底而又正确的理解这些概念"，甚至认为像这样的一些事态发展有时比科学的直线发展更能显示某个时期的时代精神①。

在迈尔看来，"在传统上，学者中有一种倾向，就是以一种如果不是诽谤性的也意味着贬低的语言提到他们对手的研究……因为历史学家是从外边来看待这些表述，很可能没有认识到这类声明纯粹是从心理工具，是贬低对手以抬高自己的地位"。人们都看到，这有两种情形，一是如同他说的，"只要有科学争论，失败的一方的观点后来几乎毫不例外地被胜利的一方曲解了"。很明显，这是受到"辉格派"科学史观的影响，这种科学史观是用科学家对于现代已经确定的科学解释贡献的大小来评价科学家。就是伟大的达尔文也难免是这样，他曾明确地否认从拉马克的书中获得过任何益处，"那是十足的垃圾……我从中没有得到任何事实和观点。"事实上，拉马克因其理论而受的冤枉几乎把他的成就全部抹杀掉了——获得性遗传的概念从开始到 19 世纪广泛为人们接受，拉马克只是简单地用它为进化理论服务。拉马克理论中的进化与意志的作用无关，误会部分在于错将"besoin"（需要）译成"wan"（想要），而不是译成"need"（需要）。

四、强调一个事物两个方面原则

由于生物学的每一现象既有近期原因又有终极原因，因此全面地思考问题是必需的。迈尔主张，对每一个生物学问题都必须牢记一个事物两个方面的原则。他认为，科学中的许多长期论战是由于对立面双方没有认识到这两种对立观点并没有完全包括一切可供选择的各种观点或解释，从而产生了虚假性选择。在进化生物学史上，虚假性选择几乎是一切重大争论的重要原因，如隔离或自然选择（M.Wagner），突变或自然选择（德弗里、贝特森、摩尔根），环境的重要性或自然选择（新拉马克主义者和他们的对立面），渐进进化和不连续遗传（孟德尔主义者和生物统计学者），行为或突变（与适应论者），等等。②

---

① 迈尔 . 生物学思想发展的历史 . 涂长晟等译 . 成都：四川教育出版社，1990：23.
② 迈尔 . 生物学思想发展的历史 . 涂长晟等译 . 成都：四川教育出版社，1990：412.

迈尔的生物学史思想从他第一篇生物学史方面的论文就可见雏形。迈尔最早的生物学史论文是 1935 年发表于纽约林奈学社会刊上的 *Bernard Altum and the Territory Theory*，该论文的写作特点还可以在迈尔后来的著作中找到或多或少的痕迹。迈尔在该文的写作中，首先查阅了相关原始文献，并且摘录了对当代学者仍有实用价值的一些片段；其次提出了一些问题，并且根据这些问题来寻找最关键的根源。迈尔并没有关注伯纳德的观点，而是重在讨论这些观点形成的理论背景。他深入分析了伯纳德理论形成的思路，最后根据对伯纳德思路的分析，提出了自己的思想及理论。

迈尔 1972 年的 *Lamarck Revisited* 一文是其对拉马克进行研究的第一篇论文。文章优美而有见地，充分展现出了一个现代进化生物学家对拉马克的进化理论的理解深入到什么程度。

迈尔的这篇文章目标很明确：首先，在研究原始文献的基础上，尽可能弄清楚拉马克真正的思想与言论；其次，指出拉马克陷入自我矛盾之处，并且分析其原因部分是因为作为动物学家的拉马克的发现与他的哲学思想产生了矛盾；最后，迈尔指出对拉马克理论的自我矛盾部分需要深入研究。他坦承，对于这篇论文，迈尔并没打算记叙拉马克职业生涯中的思想变化，也没有讨论拉马克那些非进化思想的观点。

由上可见，思想的变化是迈尔的生物学史关注的重点。他 1954 年评论齐默尔曼（W. Zimmermann）关于进化理论的著作 *Evolution: Die Geschichte ihrer Probleme und Erkenntnisse* 时也同样可以看出其生物学史思想。此外，迈尔 1980 年与普罗文（W. Provine）合著的 *The Evolutionary Synthesis* 及后来出版的几本关于生物学史方面的专著都是表达其生物学史思想的代表作。

基于以上独特的生物学史观，以及扎实的生物学功底和深厚的科学哲学思想，迈尔完成了他的经典巨著《生物学思想发展的历史》及其他生物学史方面的著作。他对进化生物学洞察之深，使得几乎所有有关进化的重要论题都受到他的思想的促进，而他的独特的生物学史观也使科学史尤其是生物学史的研究者们受益匪浅。

生物学史的研究方法

　　无论是生物学还是生物学哲学研究，都离不开生物学史的基础。一方面，生物学史为生物学和生物学哲学研究提供了材料；另一方面，生物学的成果及生物学哲学的结论都需要生物学史来进行检验。因此，研究生物学史具有深刻意义。

　　研究对象是一门学科的基本标志，也是一门学科的总根源，该门学科的一系列问题都是由这一总根源派生出来的。[①] 为了适应研究对象的特点，生物学史形成了一套独具特色的有效研究方法。最常见的仍然是搜集、整理、运用史料的方法，这是进行科学史研究的基础方法。从史料中抽取出来的事实与事实之间还是相互孤立的，彼此没有有效联结起来的点集或线段。这样一来，自然科学史研究的进一步任务便是：有效地将这些相对孤立的事件联结成合理的曲线或曲面，并揭示隐藏在其中的本质和规律。[②]

　　历史分析方法和逻辑分析方法也是自然科学史常用的方法。迈尔认为，科学史的写作还取决于学科自身的规律性。他把生物学史扩展到生物学思想发展史，目的是描述生物学在人类思想发展过程中的地位，以及生命学科在人类文明土壤中生长的过程。

　　生物学是研究生命现象的科学。研究对象不同于无生命物质，决定了生物学的独特性。对于以生物学为研究对象的生物学史来说，也必然具有独特性。

---

① 邢润川，孔宪毅.自然科学方法论与自然科学史方法论比较.科学技术与辩证法，2005,6:79.
② 邢润川，孔宪毅.自然科学方法论与自然科学史方法论比较.科学技术与辩证法，2005,6:81.

迈尔的生物学史研究方法除了常见的考据法、历史分析方法、逻辑分析方法等，还有自己独特的生物学史研究方法，如疑问式方法、概念分析法、对立面考察法、主观启示法及分析综合法等。

在很多科学家看来，科学仅仅是一系列发现，更有甚者，某些科学家只是把科学视为技术创新的手段。作为科学导论的启蒙，科学史是自然科学与人文学科之间的桥梁，它能够帮助人们获得自然科学的整体形象、人性的形象，从而全面地理解科学、理解科学与人文的关系，以填补"普遍信念"与科学的实际结论之间的鸿沟。

只有同时遵循求实性原则、历史主义原则、整体性原则这三个方法论原则，并综合运用自然科学史研究的各种方法，才能反映和描述自然科学发展的真实情况并揭示自然科学发展的规律。[①]迈尔的著作充分体现了这一点。他希望在他的著作中，通过表明科学的某些领域中提出的问题与现在思想和探索之间存在的联系，可以更准确、更均衡地评价科学。他的写作手法对此起到了良好的催化剂作用。下文将讨论迈尔科学史写作方法的部分典型特征，以期对迈尔的成就有更深的了解，并为科学史研究者提供一个值得借鉴的参考模式。

第一节　用疑问式方法把握历史脉络

要想真正了解一门学科或者一个问题，必须要了解它的历史。迈尔认为，生物学是要研究历史而不是时代。就科学史来说，聚焦点是问题。科学史家努力于追溯问题的起源，并从开端起跟踪其演变、分化，直到问题解决，或者是延续至今。正是这种思想促使迈尔从历史的角度对达尔文理论进行了研究，并得出了达尔文本人都未曾意识到的达尔文理论是五个单一的理论的重大结论，从而奠定了迈尔在进化生物学领域的权威地位。

在达尔文理论研究的过程中，生物学的历史性和特异性引起了迈尔的重视。他意识到，对生物学这样具有独特性的学科，单纯地从物理学角度出发进行其

---

① 邢润川，李铁强．科学史研究的方法论原则——从与自然科学研究的比较看．自然辩证法研究,2001,7:57-60.

历史的写作方式是绝不可取的，生物学史的研究应有自己的独特性。迈尔甚至提出，"从亚里士多德到现在，科学史就是力求表述生物学自主性的历史，是试图抵制机械——定量式解释的历史。"[①] 因此，他主张以一种能体现生物学独特性的方式进行生物学史的编写，即疑问式历史（何人？何时？何处？何事？如何？何故？）。[②] 迈尔说："在疑问式历史中重点是从事专业工作的科学家以及他的观念世界。他所处时代的科学问题是什么？在企图解决问题时他拥有一些什么样的观念和技术手段？他所能采用的方法是什么？在他所处的时代中有些什么流行观念指导他的研究并影响他的决断？"迈尔认为像这一类性质的问题在疑问式历史的研究中占有主导地位，疑问式历史的精髓就是问为什么。[③]

在此，我们以迈尔对达尔文的自然选择及自然选择学说形成的讨论作为例证。

（1）对自然选择学说的形成

迈尔首先摆出了达尔文的五个事实和由此导出的三个推论[④]：

事实一：一切物种都具有如此强大的潜在繁殖能力，如果所有出生的个体又能成功地进行繁殖，则其种群的（个体）数量将按指数（马尔萨斯称之为按几何级数）增长。

事实二：除较小的年度波动和偶尔发生的较大波动而外，种群一般是稳定的。

事实三：自然资源是有限的。在稳定的环境中，自然资源保持相对恒定。

推理一：由于所产生的个体数目超过了可供利用的资源的承载能力，而种群数量却保持稳定不变，这就表明在种群的个体之间必然有激烈的生存竞争，结果是在每一世代的后裔中只有一部分，而且往往是很少的一部分生存下来。上述来自种群生态学的事实一旦与某些遗传事实结合起来就导出了重要结论。

---

① Mayr E. The Growth of Biological Thought: Diversity, Evolution and Inheritance.Cambridge: Harvard University Press, 1982: 35.

② Mayr E. The Growth of Biological Thought: Diversity, Evolution and Inheritance.Cambridge: Harvard University Press, 1982: 1-2.

③ Mayr E. The Growth of Biological Thought: Diversity, Evolution and Inheritance.Cambridge: Harvard University Press, 1982: 7.

④ Mayr E. The Growth of Biological Thought: Diversity, Evolution and Inheritance.Cambridge: Harvard University Press, 1982: 479-480.

事实四：没有两个个体是完全相同的。实际情况是，每个种群都显示了极大的变异性。

事实五：这种变异的很大一部分是可以遗传的。

推理二：在生存竞争中生存下来并不是随意或偶然的，部分原因取决于生存下来的个体的遗传组成。这种并非一律相同的生存状态构成了自然选择过程。

推理三：这种自然选择过程经过许多世代将使种群不断逐渐变化，也就是说，导致进化，导致新种产生。

为了说明这些事实和推理的形成过程，迈尔随后提出了一些问题："科学史家一定要问这些事实中哪一些是达尔文新发现的，如果都不是新事实，那么为什么在他以前的人没有做出相同的推理？他必定还会问达尔文是通过什么顺序按部就班地获得这些远见卓识的？为什么马尔萨斯提到的人口指数式增长对达尔文的逻辑框架构成如此重要？"在回答这些问题之前，迈尔梳理了达尔文在1837～1838年这一关键时期的思想状况。他从达尔文对多样性的重视谈到他的物种形成理论，指出达尔文曾注意到拉马克的"按意愿进化"，经对比却得出他的理论与由局部环境而引起变化的新拉马克主义相似，最后谈到达尔文晚年对该学说的放弃。迈尔将达尔文的自然选择学说分为八个部分，一一对其形成的过程进行了分析。在繁殖能力部分，迈尔推测帕雷（W. Paley）对达尔文的思想产生过影响；在生存竞争和自然平衡部分，迈尔认为达尔文从赖尔那里首次接触到生存竞争这个概念，而马尔萨斯的生存斗争则使达尔文意识到同一物种个体之间的竞争是多么激烈；在人工选择部分迈尔讲到达尔文阅读的大量动物育种方面的书籍，以及马尔萨斯的著作使他认识到怎样把动物育种的知识运用到人工选择方面；在种群思想与个体的作用部分，迈尔谈到达尔文对藤壶的分类研究；在自然选择部分，迈尔则从该词概念的起源谈起，历数赖尔、华莱士、威尔士 (W. C. Wells)、马修 (W. D. Mathew) 等对达尔文自然选择思想的影响。一系列问题的提出和迈尔对问题的回答，使达尔文自然选择思想的形成过程清晰地跃然纸上，促进人们加深对这一过程的理解。

（2）对自然选择机制的说明

迈尔在对自然选择机制进行说明的时候，依然是采用历史的手法，即探寻自然选择出现的缘由。然后从其源头开始提出疑问，一步一步走向问题的解决。

1838 年达尔文就已经发现了自然选择，尽管他在 1859 年《物种起源》时才正式公布。华莱士几乎与其同时发现了这一理论。这一理论建立在群体思想而不是本质论思想之上，可惜当时本质论思想占据了统治地位，经过了几代人之后，人们才普遍接受了自然选择的观点。为了认清人们为什么难以理解自然选择，必须深入了解自然选择的过程。迈尔建议提出达尔文式的问题。例如，一个群体在世代交替过程中发生了什么样的变化？这些变化的原因是什么？这些变化对一个物种的群体造成了什么影响？

接受自然选择就必须要接受群体观念。因为所有的进化，特别是选择，发生在生物群体中，迈尔认为，理解群体的性质对于理解进化至关重要，所以迈尔在分析自然选择概念时，首先介绍了什么是群体。

自然选择实际上是一个淘汰的过程。作为下一代亲本的个体是那些由于具备或缺少某些形状因此比起同代的其他个体更能适合当时环境条件的个体。它们的兄弟姐妹都在自然选择过程中遭到了淘汰。迈尔认为，生存并不是生物的特征，而是某些有利于生存的特征体现。能够适应意味着具备了某些有利于提高生存概率的特征。所有个体生存的概率并不相同，因为具备有利于生存的特征的个体是群体的限定非随机组成部分。

接下来迈尔又提出了问题：选择和淘汰造成的进化结果有区别吗？综观进化文献，似乎并没有人提出这样的问题。对此，迈尔做出了如下解答。选择的过程应该具有明确的作用对象，这一过程中确定出"最好"或"最适应"的表现型。在一定的群体中，只有很少的个体能都历经选择后生存下来。这些生存下来的个体只能保存亲本群体中整个变异中的一小部分。这样的生存选择具有很大的局限性。相反，仅仅是淘汰不适应的个体可能会使更多的个体生存下去，因为这些个体在适应性方面没有什么明显的缺陷。每一年环境条件的严酷性决定了群体中不适应个体所占的比例。迈尔用季节更替过程中生物的生存不均匀现象进行了说明。最后，迈尔得出结论：群体中成功通过非适应淘汰这一非随机性过程的成员越多，生存者越是能够根据偶然性因素和选择来获得成功的繁殖。

迈尔之前几乎所有的人都未能认识到选择这一过程包含了两个阶段。由于没有认识到这一点，有些反对者将选择称作偶然的过程，另一些人则认为选择是一个确定的过程。那么，正确答案是什么呢？迈尔得出了一个历史性的结论：选择既是偶然的，也是确定的。这个结论的得出，同样依靠迈尔令人赞叹的超强分析能力。他认为选择的过程分为两个阶段，如表 5.1 所示。[①]

表 5.1 自然选择的两个阶段

阶段 1：变异的产生
合子从生（受精）到死的突变；减数分裂，通过第一次分裂中的交叉而进行重组和第二次分裂（还原）过程中同源染色体的随机运动；配偶选择和受精过程中任何随机事件。
阶段 2：生存和繁殖过程中的非随机性方面
有些表现型在其整个生命周期中取得了极大的成功（生存选择）；非随机的配偶选择及其他所有有助于某些表现型取得成功的因素（性选择）。 　在阶段 2 同时会发生非常随机的淘汰。

接着迈尔对表 5.1 进行了进一步的解释。第一阶段由产生出新的合子的一系列过程组成，并产生出了新的变异。在遗传变异产生的第一阶段，除了在特定基因点的变化具有很强的确定性外，偶然性起到了最突出的作用。在差异性生存和生殖的第二阶段，即选择阶段，能够生存下来的最适者要比其他个体优越，这在很大程度上依赖于遗传获得的性状，此时便存在着很大的确定性。然而迈尔还考虑到了尽管作用很小仍然不能忽视的偶然性的作用，即表中"随机的淘汰"。它包括自然环境和性选择两个方面。洪水、飓风、火山喷发等自然界的灾变都可能导致原本非常适应的个体死亡。在一个小的群体中，配偶选择上的失误也可能导致优越基因的丧失。

以上分析可见，对"选择是偶然的吗？"这个问题的回答是否定的。那么，

---

① 恩斯特·迈尔. 进化是什么. 田洺译. 上海：上海科学技术出版社, 2003: 109.

另一个问题就接踵而来了。如果选择有确定性，那么它能够被证实吗？尽管达尔文当时拿不出来证据证明这个问题，然而后来陆续有许多证据证明了这一点。迈尔列举了其中的"贝氏拟态""缪氏拟态"、蛾子的工业黑病变等例子作为证据。其中他重点介绍了非洲的镰状细胞基因与抗疟疾之间的关系这一例子。

选择可以被证实的问题得到了确定的回答。那么选择作用的对象是什么？对这个长期争论不休的问题，迈尔又作了睿智的分析。对这个存在混淆的问题的解决，迈尔依旧是靠对由此提出的两个小问题的澄清来完成的。这两个问题分别是"什么被选择"和"选择什么"。迈尔以前文提到的非洲镰状细胞基因为例给予了说明。"什么被选择"的答案是那些携带或者不携带镰状细胞基因的个体。"选择什么"的答案是镰状基因细胞，因为它给杂合携带者提供了保护。可见，基因只是基因型的组成部分，而个体总体上的表现型才是选择作用的靶子。

当我们说生物个体是选择的靶子时，其中的含义是什么？选择遇到的并使之对个体有利或不利的对象是什么？迈尔认为，并不是个体的基因或基因型，因为选择发现不了它们，选择发现的是表现性。表现型是基因型的产物，所以从进化的角度看，表现型既是稳定的又是进化的。

迈尔用自然选择回答了为什么进化一般很缓慢的问题。那是由于成千上万代的生物都曾经历过选择。一个自然群体中存在的必然是接近最佳状态的基因型。这样的群体遭遇的就是稳定化的选择。除非环境发生剧烈的变化，否则最佳的表现型可能就是直接从前一代中继承下来的类型。因此一般的进化都很缓慢。

曾经有人声称选择无所不能。但99%以上的进化种系都已经灭绝了的事实，说明了自然选择无法产生出完美的类型。研究表明，造成自然选择作用受到限制的原因有很多。迈尔认为讨论这些限制会有助于理解进化。他将自己认识到的八种限制一一进行了说明。八种限制分别是：①基因型的潜力有限；②缺乏合适的遗传变异；③随机的过程；④种系历史的限制；⑤非遗传修饰的能力；⑥生殖年龄修饰的能力；⑦发育过程中的相互作用；⑧基因型的结构。这些都说明了选择不是完美的。

通过提出环环相扣的问题和一环接一环地回答问题，迈尔深入浅出地将自然选择这个长期不被人接受的概念解释清楚了。真正的专家不需要故作高深，通俗易懂才能体现水平。可以看出，迈尔概念分析的功力是相当深厚的。

迈尔正是通过提出"什么事态使得一位科学家能发现为其同时代人所忽略的新事物？为什么他能摒弃传统的说法而提出一个新的解释？他从什么地方得到启发而采取新的途径？"等一系列问题，将《生物学思想发展的历史》划分为生命的多样性、进化、变异及遗传三个板块来阐述生物学各个分支发展的。在每个板块中，迈尔又针对具体对象提出了更为细致的问题："各时期中公开的问题是什么？为了解决这些问题提出了哪些建议？什么样的原因导致这些建议的成功或失败？"等。迈尔依据这些"为什么"，将两三千年的生物学思想整理出了清晰的脉络，细致地考证了事件发生的背景，并对产生的原因进行了理性的分析和解释，系统地刻画出了一幅丰富的生物学思想发展图景。以疑问式历史写作方式完成的《生物学思想发展的历史》发表后取得了巨大的成功，它作为迈尔科研生涯中最为关键的一块里程碑，奠定了其在科学史领域的地位。

第二节　用概念分析法排除混乱

那夫乔的《自然界的伟大链索》是对迈尔科学思想影响最大的一本书。迈尔在 1958 年读这本书时称，"忽然意识到一个论题"：概念、问题、观念（思想）正像生物有进化过程那样，它们也在进化[1]。事实上，迈尔在生物科学尤其是进化生物学领域的贡献主要是通过介绍自然选择、地理变异和隔离机制等新概念而获得的，而不是那些所谓的新发现。这使他得出结论：导致生物学进步的，不是新事实的发现，而是新概念的出现及旧概念的发展。"学习一门学科的历史是理解其当前概念的最佳途径。"[2] 这种重视概念发展演化的编史学方法即概念分析法。

概念分析法是法国科学史大师柯瓦雷于 20 世纪 30 年代在其著作《伽利略

---

① Mayr E. Response to Richard Burkhardt. Biology and Philosophy, 1994, 9 (7):373-374.

② Mayr E. The Growth of Biological Thought: Diversity, Evolution and Inheritance. Cambridge: Harvard University Press, 1982: 20.

研究》中首次提出的，开创了概念分析的研究传统①。其后，又受到库恩、拉卡托斯和那夫乔等人所推崇，现在已成为科学史研究的重要方法。迈尔有自己独特的概念分析方法，通常分两步进行：先把复杂的概念分解成相对简单的部分，然后再对简单部分逐一进行精确的分析。他的许多理论都来源于概念分析法。

一、物种概念

迈尔使用概念分析法对物种概念进行了分析②。迈尔认为讨论物种时，没有物理学中那些简单而又明确的参数，因而物种地位的表现在不同类群生物中也极不相同。他从希腊哲学中"属"和"种"两个词起，把过去提过的几乎所有的物种概念和物种定义归为以下四类。

1. 本质论物种概念

在本质论者的物种概念中，认为每一物种皆以其不变的本质为特征并以明显的不连续性和其他物种相区别。共同具有同一本质的物体就属于同一物种。迈尔从瑞（J. Ray）根据种子繁衍自身的特征给物种下的定义谈到居维叶将种定义为"共同双亲的后代"，认为此时种的定义中并没有进化的寓意。他又谈到对随后的一百年产生了巨大影响林奈的物种概念："我们认为有多少不同的形态就有多少从一开始就被创造出来的物种"。这一概念提出物种具有四种特征：物种由具有共同本质的个体组成；每一物种按明显的不连续性和其他物种分形；每一物种自始至终是稳定不变的；任何物种对可能的变异都有严格限制。迈尔认为布丰的物种思想更接近于现代的看法，他强调的是个体及其间的连续性，将个体的世系看作是种的最重要特征，认为个体不能产生能育的后代的就属于不同的种。同时迈尔指出了本质论物种概念的缺点：将某个种群中的不同同型种也看作是物种，把姊妹种类群也合并成单一的种。不过迈尔也指出，本质论的物种概念在无生命物体的分类上仍然是有用的。

---

① 库瓦雷. 科学思想是研究方向与规划. 孙永平译. 自然辩证法研究，1991，7(12):63.
② Mayr E. Toward a New Philosophy of Biology. Cambridge: Harvard University Press, 1988: 4-37.

2. 唯名论者的物种概念

按照这个概念，自然界中只有个别物体的存在，这样的一些物体或生物是由某个名字归并在一起，是根据分类者的主观意图来确定哪些物体合并成一个物种，因此物种不过是头脑的主观构想。这样的物种在自然界中并不是现实，并不真正存在。

3. 进化的物种概念

研究物种在时间因次中的分布的如辛普森（G. G. Simpson）、惠利（E. O. Wiley）等古生物学家提出的一种适合于分辨化石物种的物种概念。迈尔批评了其中出现的"进化趋向"和"历史命运"等含糊不清的词。

4. 生物学物种概念

根据以上的分析，迈尔提出了他对物种的定义：物种是在自然界中占有特定生境的种群的生殖群体，和其他种群的生殖群体被生殖隔离分隔开。物种是进化的单位。他分析了物种概念的关键词"隔离机制"，并将其限制为物种的生物学性质。

物种是一切生物学的基础，生命的多样性，包括物种和物种的集群是进化的产物，这就要求研究每个物种和高级分类单元的起源和进化历史，而这样的研究又必须以正确的物种概念为基础才具有建设性的意义。迈尔对物种的重新定义不但澄清了人们多年来的各种误解，更因此而使生物多样性的起源被确立为现代进化生物学的中心问题之一。

二、自然选择概念

迈尔运用概念分析法最典型的例子是对"自然选择"这一概念的分析。自然选择学说是达尔文进化论的核心理论，也是现代达尔文主义的主要依据。对自然选择概念的梳理和发展，是理解现代进化论的基础。

自然选择是达尔文提出来的，让人们了解达尔文心中自然选择的含义是必要的。达尔文认为，自然选择即最适者生存（survival of the fittest），它是指适合于环境条件（包括食物、生存空间、风土气候等）的生物被保留下来，不适合者则被淘汰的现象。自然选择是在生存斗争中实现的，它通过对微小的有利变异的积累而促进生物进化。由于人类历史是"瞬息间的事"，因此一般只能看到选择的结果，而觉察不到这一缓慢变化的过程。

事实上并不是最适者生存，由于其他随机因素，生存下来的不一定是最适者。达尔文又说，他提出的"自然选择"这一名词并不确切，仅仅是为方便而采用的比喻语句。自然界里并不存在有意识的选择，自然只是起着选择的作用而已。达尔文曾说过："我所谓的自然，是指许多自然定律的综合作用及其产物。所谓定律，是指我们所能证实的各种事物的因果关系。"

可见，达尔文本人对自然选择的概念也不是十分确定。

后来，人们对自然选择有了现代的理解。自然选择只作用于表型，即是个体的性状。但从进化的角度来说，只有当这种表型能遗传时才有意义。换句话说，虽然对生存有利，但如果不能繁衍后代，那么有利于生存的基因或基因型也就会随个体的死亡而消失。应当说，那些能留下最多后代的类型才是"最适者"，而不是表型最适者。仅仅如马尔萨斯式的争斗，胜利者并不一定是最适者。与达尔文差不多时期的哲学家斯宾塞（H. Spenser），把适者生存理解为"优胜劣败"，这是不全面的。

迈尔的最新贡献之一，是将自然选择作为生存选择来讨论。选择作为一种机制，指的是真正的最好的，或者将劣势个体淘汰，从而选出要饲养的个体。这意味着在一个真正的群体经过苛刻的、严酷的多年后，只有最好的个体可以存活。在较平和的年代，只有最差的个体被剔除，大部分个体存活了下来，而不是最好的被挑选出来。平缓的淘汰过程留下了大量的有利变种，这种淘汰群体中劣势个体的选择观点，为进化的第二次原因提供了一个较好的解释。[①]迈尔认为"最适者生存"这种表达是偏激的，他更倾向于"选择更好的"。

在上述基础上，迈尔等提出了自选择的新概念。他认为，自然选择是"不同基因型的有差异（区分性）的延续"；"自然选择是一个统计学现象，它只是意味着较好的基因型有'较好的'延续的机会"。

---

① Haffer J. Ernst Mayr—bibliography. Ornitholog Monogr,2005, 58: 73-108.

三、达尔文主义

迈尔还对"达尔文主义"一词进行了分析。"达尔文主义"一词自问世以来，经常在不同领域不同场合以不同的身份出现。面对这种混乱的情况，迈尔从时间和空间两个角度详细考察了该词的由来、历经不同时期的含义变化、包含的多个不同侧面，并一一进行剖析，最终揭示了其不变的内核，打破了对"达尔文主义"一词盲人摸象各持己见的局面。

此外，迈尔在对目的论的四种不同范畴、还原论等问题进行剖析时也同样使用了概念分析法。正是他对这些常见的、容易被人想当然的基本概念进行深入分析，才使迈尔在生物学领域取得了骄人成绩，并因此而被人称为"二十世纪的达尔文"。迈尔在其著作中成功地大量使用了概念分析法，可以说，他突破了传统的编年史方法，在生物学史研究中确立了概念分析法的地位，这种研究方法逐渐被越来越多的生物学史研究者所采用。

第三节　用对立面考察法拓展思维

迈尔素来严格要求自己避免偏见。事实上，他在评价科学观念的时候的确是客观的。作为生物学、生物学哲学和生物学史领域的全能专家，他对待历史和事实的谦逊态度值得敬佩。从萨顿对科学史的定义可知，暴力、专横、错误和斗争在科学史中无处不在，无时不在。科学的道路从来不是笔直的，总是有彼此对立竞争的学说。对此，"成者王侯败者寇"也遵循着发展规律。然而，迈尔在面对生物学中的争论时，并未对错误的学说或者对立的观点采取完全否定的态度，迈尔往往要着力于分析对手方面的思想体系以及用来支持他们的对立学说的特有证据，甚至认为像这样的一些事态发展有时比科学的直线发展更能显示某个时期的时代精神。[①]迈尔主张不仅要研究业已成功观点的历史，也要研究曾经失败观点的历史。

---

① Mayr E. The Growth of Biological Thought: Diversity, Evolution and Inheritance.Cambridge: Harvard University Press, 1982: 20.

　　迈尔在讨论物种概念的时候，曾经提到过 20 世纪 50～70 年代中的一些反对生物学物种概念的论点。某些学者声称在他们所研究的特殊生物中，他们无从发现生物学物种概念支持者所描述的分布区重叠的种群之间的轮廓分明的中断界限。换句话说，他们声称生物学物种概念并没有有效的观察基础或根据，生物学种只是少数类别的特殊情况，不能够概括起来将之推广应用于一切生物。因此，必须采用不同的、更加综合性的概念，或者必须采用好多个物种概念以应付不同类型的生物。迈尔对这样的反对意见非常重视，他极为认真地思考了这个问题：究竟反对者认为不符合的情况是属于例外还是生物学物种概念所依据的是例外情况？有时有这样的议论：生物学物种概念是由鸟类学家"发明的"，只适用于鸟类。历史事实否定了这种说法。许多昆虫、果蝇的研究专家也都是生物学物种概念的坚定拥护者。这说明了生物学物种概念并不是只限于例外特殊情况。迈尔还考虑到生物学物种概念不适用的情况，但其不适用频率只能通过对一高级分类单位的全部物种进行仔细的统计分析后才能确定。他认为人们提到的所谓生物学物种概念不适用于动物或植物的某些高级分类单位的说法是否正确，只有在对这些分类单位进行透彻的定量分析之后才能加以判断。

　　支序分类学派的创导人德国昆虫学家亨尼克（W. Hennig）提出分类应当完全建立在系谱的基础上，也就是建立在系统发育的分支模式的基础上的观点，后来被迈尔称作"支序分类法"。支序学家划分分类单位按线系原则，将某个共同祖先的一切后裔联合成一个单一的分类单位。这样就形成了将鳄鱼和鸟类、猩猩与人作为联合分类单位这样的不协调组合。迈尔在评价支序分类法时，不仅指出了它的缺陷，更在其中发现了需要被认可的东西。迈尔认为，亨尼克是首先明确地提出系谱的分支点必须完全依据共有衍生特征这一原则的第一位学者，他曾说过，只有共同具有独特的衍生特征才足以证明某些种来自共同祖先。凡是共同具有共有衍征的类群就是姐妹群。姐妹群必须安排在同一等级，不管它们分离后在趋异中彼此有多大差异。迈尔认为再也没有什么比亨尼克的观点能更好地说明支序分类学与传统分类学之间的差别了。迈尔还注意到了亨尼克曾指出将支序分析和生物地理分析结合起来将会更有说服力。在讨论系统发育和分类之间的关系时，迈尔自己的态度是模棱两可暧昧不清的，因此迈尔高度评价了亨尼克方法的最重大贡献即在于澄清二者之间的关系。

迈尔对错误观点或对立观点的这种重视，不仅清晰再现了观念的斗争过程，加深了人们对生物学思想发展史的了解，也从某些角度拓展了自己的思维。就亨尼克来说支序分类就是"系统发育分类"，并且力求在分类中表示系统发育进化。虽然这方法并不适于这个目的，但是迈尔却从中认识到了其重要性，从而将进化纳入分类学的研究范围。

几乎每个理论都是部分正确、部分错误的，通过抛弃错误的部分，综合正确的部分，就可以接近真相了。比如现代进化论的综合，就是从博物学、系统学和群体遗传学三个领域取其精华弃其糟粕，最终形成的。这个综合后的理论现在已经几乎被所有的进化学家所接受。

科学家的思想往往被描绘成面面俱到的和谐体系，其实许多生物学家的思想中都会含有相互矛盾的成分。迈尔在对达尔文的研究中就发现，达尔文在解释通过自然选择的适应现象时采用种群思想，在讨论物种形成时却又使用了类型学的语言。迈尔还反对学术上的"骑墙"态度，在自己的观点不够明确时，他会毫不犹豫地选择那个看起来最符合现在思想观念的解释。有时甚至会提出相反的意见，以求获得批评性的意见。在他看来，这样至少可以从对立面去考虑问题，要比逃避问题具有更大的启发力，有可能激发建设性的批评。

第四节　用主观性启发法启迪思想

紧密联系过去与现在是迈尔处理历史的一个主要特征[①]。迈尔的疑问式历史不仅追溯观点的起源及发展历程，还关注影响其变化的意识形态及其他因素。

虽然相对于社会因素来讲，迈尔更注重概念实质性内容的概念发展史，可为了让人们更好地理解目前的生物学问题及相应的立场和眼光，他不可避免地插入了自己的一些见解。在他的著作中，经常可以看到"我认为""在我看来"

---

① Junker T. Factors shaping Ernst Mayr's concepts in the history of biology. Journal of the History of Biology, 1996, 29(3): 29-77.

等这样一些字眼。这使一部分人错误地认为迈尔是以辉格史方法研究生物学史的。

造成这种现象的原因有二：

1）编史本身就是作者对事实的选择，一旦选择就必然带有主观性，就会有辉格倾向。因为编史就是选择，是带有辉格倾向的选择。在历史书写作过程的每个阶段，主观性都可能会出现。

如果研究者缺乏历史识别力，则他们写出来的历史可能就是简单的大事年表，按事件发生先后顺序的记录，简单地描述事实而放弃了对其作解释。而且认识论的分析也曾表明，由"预期的模式"在科学活动中所起的作用，往往容易产生带有思想性的歪曲。即使在陈述事实时历史学家也具有主观性，因为历史学家在决定取舍、挑选事实时，在试图描述正在他们面前发生的大事的根源和特征时，很容易由于先入为主或印象而产生歪曲。在某种意义上说，他们自己正"在其中"，参与了他们所描述的事实。历史学家还需要去解释历史事件，阐述事件彼此之间的关系时所依据的价值观念标准就也是有选择性的，这就是说他们也在创造历史，这就使得主观性起了更大的作用。

可见，历史学对实际发生的事并非一面客观的镜子，但它应该是一项理性的重建。它在包括哲学的和思想的读物中建立起联系，并提出"解释"，它反映了在知识的性质上及其所获得的道路上的总的思想。[①]历史学家必须经常意识到"预期模式"的存在，而他的批判工具应该永远在起作用。

2）迈尔的对科学史的编写用的通常是疑问式历史的写作方式。疑问式历史的精髓就是问"为什么"，根据对"为什么"的回答寻求历史前进的动力。在寻求答案或者对原因进行解释时，必然会在一定程度上运用自己的判断，如果不进行判断就不能顺利解决疑问。而本人的思想不可避免地带有或多或少的主观性。

拉卡托斯曾经强调说，"没有某种理论'偏见'的历史是不可能的"[②]。这确

---

① Grmek M D.A Plea for freeing the history of scientific discoveries from myth// Grmek M D, Cohen R S, Cimino G (eds.).On Scientific discovery. Dordrecht: Reidel, 1981: 9-42.

② 伊·拉卡托斯.科学研究纲领方法论.兰征译.上海：上海译文出版社，1986: 166.

实是一个较难反驳的观点。迈尔也认为，没有人能够撰写出他不知如何识别的东西的历史，所以所有的科学史必然都不言而喻地预先假定了对科学的看法，至少是某种看法。只有在头脑中有一种隐含的或明确的科学图景时，历史的编撰才可能进行。何况在撰写历史时，无法回避对事实的选择问题。而只要有选择存在，主观性就不可避免地要发生作用。

迈尔的疑问式历史引起了别人对自己的误会，他为此进行了辩护。迈尔对他本人的研究方法做了如下解释[①]：

1）进行编史要求了解现状，也要研究其在每个时段的价值；

2）在任何科学的讨论中，应当指出早期作者的错误，同时也要承认他们的意义；

3）必须进行所编史的思想的选择，以便追随某些思想或概念的历史；

4）史学的编纂必须是历史的，而不能停滞在某个静止的时段。

主观性的陈述往往比一本正经的客观性陈述更激动人心，因为它更具有启发性，更有助于回答疑问式历史提出的 why 和 how 的问题。因此，从历史的发展来看，这种趋势是不可避免的。正如迈尔所说："对为什么的问题的回答虽然不可避免地具有一定程度的臆测性和主观性，然而却能迫使人们去整理研究结果，迫使人们采取符合臆测推理的方法不断审查自己的结论。"

目前在科学研究中，特别是在进化生物学中，问题的合理性已经牢固地建立起来，在历史的撰写中就更不应成为问题。在最糟糕的情况下，这种为什么问题所必需的详尽分析也有可能断定问题背后的假设是错误的。即使这样，也能提高我们对问题本身的认识。

同时，迈尔也在努力避免走向极端，他始终客观对待所有的理论和其提出者，避免主观偏见；避免民族和国家沙文主义；避免先入为主的态度；避免有目的的解释等[②]。就这样，迈尔谨慎地在过去与现在、辉格与反辉格、主观与客观之间准确地找到了平衡。

---

① Mayr E. When is historiography whiggish? Journal of the History of Ideas, 1990,51(3):301-309.

② Junker T. Ornithology, Evolution and Philosophy ——The Life and Science of Ernst Mayr 1904-2005.New York: Springer, 2007: 340.

第五节 用分析综合法把握全局

迈尔之所以取得如此巨大的成功，从其思想根源来看，首先要源于他的"分"的恰当运用，迈尔对许多概念的入手之处都是先把一个大的概念进行"分"解，然后对分解后的各部分逐一加以"分"析。然后再把独立分析各部分得出的那些结论进行综合，最终得出结论。这种方法在迈尔的研究工作中屡试不爽。可见，"分"是迈尔成功的重要诀窍之一。

在迈尔的著作中，这样的例子随处可见。再将这些例子细分一下，可以发现迈尔的"分"大体可以有两种形式：①把概念作为一个整体，将其分为部分之和；②把概念按历史分为不同的成长阶段。对不同的概念采用不同的"分"法，迈尔因此澄清了很多概念。下面各举一例进行论证。

一、把概念作为一个整体 将其分为部分之和

迈尔对达尔文进化理论的剖析就是一个最具代表性的例子。迈尔把达尔文的进化理论分解为连达尔文自己都没想到的生物进化、共同由来、物种增殖、渐变理论和自然选择五部分，这说明了生物的进化应该包括纵向时间上的演化与横向生态和地理方面的多样性两种过程。通过对五部分的一一分析，迈尔又得到了一个惊人的发现：达尔文的进化理论不仅仅是个进化学说，它涉及进化理论、生物哲学以及社会思想伦理观念等三个层面的内容。这也就揭开了人们长期对达尔文理论存在的各种争议的这个难解之谜。人们从不同角度去认识达尔文理论，有的仅仅停留在进化论层面，有的深入到了哲学层面，有的还涉及伦理层面，由于涉及的是该理论的不同层面，对它的理解自然也就各不相同了。综合对各部分分别分析的结果，迈尔向人们展现了达尔文理论的全貌，最终为人们吹散了自然选择的迷雾，揭开了达尔文理论的神秘面纱。

二、把概念按历史分为不同的成长阶段

迈尔在讨论物种概念的时候，采用了这种方法。由于历史上物种的概念非常混乱，要想还它一个真实面目显然困难重重。迈尔考察了物种概念的发展史，将其概括为本质论物种概念、唯名论者的物种概念、进化的物种概念以及生物学物种概念四类。然后迈尔分别对四类物种概念进行分析，得出四类物种概念的支撑点。本质论的物种概念认为每一物种都有着不变的本质，并以明显的不连续性和其他物种相区别。唯名论者的物种概念认为物种是头脑的主观构想，并不真实存在。进化的物种概念赋予了物种时间因次。生物学的物种概念的关键是隔离机制。分析了以上四类物种概念的缺陷后，迈尔对物种进行了重新定义：物种是在自然界中占有特定生境的种群的生殖群体，物种之间存在生殖隔离。这一定义沿用至今。

正是在对物种、群体思维、达尔文进化的五个理论、达尔文主义、进化中的偶然性与必然性、近因与远因、目的论等许多个概念进行分析的基础上，迈尔才取得如此令世人瞩目的成就。这也难怪迈尔会认为，科学史的功能是作为一种分析概念及澄清生物学结构的工具。

第六章
学有所成终有因

迈尔是鸟类学、分类学、进化生物学、生物学史以及生物哲学等各学科的泰斗，荣获了多个各领域的世界级殊荣。除了"20世纪的达尔文"①的美誉外，迈尔还在1986年举行的国际鸟类学代表大会上，被誉为当代卓越的鸟类研究学者。"在科学、历史和哲学这三个不同的领域中，对20世纪思想产生了巨大影响"。②他获得过美国的全国科学奖、进化论生物学的最高荣誉巴尔扎奖，以及科学史的最高荣誉萨顿奖等共35个奖项。迈尔曾任13所大学的特邀讲师或教授，获得17个荣誉学位，同时是全世界45个学术研究会的会员（详情见附录）。其巨大的成就的取得有其偶然性，也有必然性。

第一节　环境及教育背景

一、家庭环境的影响

迈尔的家庭热爱大自然，父母经常带他们去郊外游玩，这使得迈尔从小就培养起了观察的好习惯。加上个人兴趣，迈尔常戏称自己是天生的博物学家。母亲对他的兴趣也十分支持，曾经在迈尔高考结束时奖励了他一台双筒望远镜。迈尔正是通过这台望远镜发现了红嘴潜鸭，并因此被他的伯乐——导师斯特雷

---

① Jerry A. Coyne, Ernst Mayr (1904-2005). Science, 2005, 307: 1212.
② Mary P. Winsor, Ernst Mayr, 1904-2005. ISIS, 2005, 96 : 3.

斯曼发现，最终走上了鸟类学研究之路。

迈尔的家庭还是一个哲学之家。迈尔的爷爷喜欢哲学，他的父母也喜欢哲学，还有一个酷爱哲学的姑姑和他们生活在一起。迈尔家摆满两个墙壁的书架上，与哲学相关的书籍占了相当大一部分。虽然迈尔很谦虚地认为，他是他们家最不懂哲学的人，但是在这样的环境中生活的迈尔，显然习惯于从哲学的角度看待问题。迈尔大学时期接受的哲学教育，更是使他的哲学知识系统化，为他将来从事生物学哲学工作奠定了基础，也为他的生物学及生物学史的研究提供了哲学指导，从而提高了考虑问题的高度。

二、兴趣的影响

迈尔非常喜欢冒险。他后来之所以放弃学习医学，除了对鸟类的兴趣之外，还有一个原因就是他少年时代对冒险的热爱。斯特雷斯曼也正是利用这一点，对迈尔进行"利诱"。斯特雷斯曼对迈尔说，如果他做一个博物学者，那么就可以去野外探险了。而且还一再向迈尔保证，会设法让迈尔参加野外考察工作。这激起了迈尔的强烈向往，最终促使他放弃了医学，转向了鸟类学的研究。

后来斯特雷斯曼遵守了诺言，极力推荐年轻的迈尔带队去野外考察。迈尔通过去新几内亚和所罗门群岛进行考察，认识了不少鸟类，采集了大量鸟类标本。当时野外考察条件异常艰苦，荒无人烟，经常走一整天也见不着人。迈尔在新几内亚时注意到当地居民就像博物学家一样，能识别当地各种鸟类的特点和区别。这个事实使迈尔对唯名论的物种概念产生了怀疑，他开始坚信，生物种类并不是分类学家主观臆想出来的，而是真正的生物单元。这个发现对迈尔物种概念的形成有一定的促进作用。

迈尔极富个人魅力。他对新鲜事物始终保持着热情。正是这份热情，使他在90岁高龄的时候还去学习开汽车，也是这份热情，使他一生热衷于科学研究，甚至退休了也不曾停止过。

三、教育背景的影响

1926 年 6 月 24 日，迈尔获得了博士学位，成为了当时最年轻的博士。为此他很感谢幼年时在德国接受的严谨的经典教育。在德国他曾经学了 9 年拉丁文、德文和数学，7 年希腊文和历史，4 年法语，此外还学习了大量的地理及其他各科知识。

拉丁文是世界各国动植物学家在进行新分群的命名和描述中通用的国际语言。为了保持动植物名称的统一而制定的国际动植物命名法规规定，发表新的分类群（新种、新变种、新属等）必须用拉丁文来命名和描述，动植物的拉丁文名实际上起着身份证的作用。相对于别人来讲，鸟类分类及命名对于有 9 年拉丁文学习基础的迈尔更为容易一点。进化论综合前，遗传学家与博物学家分为两个对立的阵营，其直接原因在于二者之间不能进行良好的信息沟通。建立在繁杂数理计算基础上的遗传学对以观察为主的博物学家来说，确实不是那么容易接受的。地理知识的学习对迈尔的野外考察工作，以及对他后来建立在地理隔离基础上的物种形成理论的提出都起着基础的重要作用。要从社会等各因素全面考察理论的建立或概念的转变过程，丰富的历史知识显然是不可或缺的。

可见，迈尔早期接受的教育是他后来的事业蓬勃发展的必要基础。迈尔虽然对此持肯定的态度，但他同时也认为，这些知识的学习必然减少了学习其他知识的时间。在美国这个民主国度，关于民主和公民权益，以及其他一些与日常生活息息相关的知识的相对缺乏，给初到美国时的迈尔增添了一些压力。

四、多元文化背景的影响

迈尔早期接受的是德国严谨的传统教育，在美国的长期生活又使迈尔深受美国开放的民主思想的影响。由于多元化的文化背景，迈尔可以比较容易地接受不同的见解，只要这个见解有足够说服他的理由。他大学时期的老师基本都是拉马克主义者，这使得迈尔起初也信仰拉马克。不过他在了解了达尔文理论之后，毅然放弃了拉马克主义。这种容易变通的个性，也是迈尔成功的原因之一。他总能在不同的研究领域之间找到相通之处。将遗传学与进化论结合起来，形成新的综合进化论，使迈尔成为了综合进化论的建筑师之一。

容易接受不同观点，不代表迈尔就没有原则。他对自己认可的理论是极力维护的。对达尔文进化理论的捍卫就是最好的证明。迈尔讲话十分率直，对科学中的对手，批评起来毫不留情。然而这并不让人觉得他傲慢自大或者恶意伤人。迈尔在科学上的对手虽然被他无情地攻击过，但似乎都并不计较。康涅狄格大学科学史专家约翰·格林，由于在进化论的一些观点上和迈尔的观点相违背，被迈尔不止一次批评过，甚至在他的著作《生物学哲学》中还以尖刻的言语对格林进行了攻击，说他"无知"。然而，这并不妨碍他们在其他方面的友好交往。格林曾给予迈尔极高的评价："无疑，迈尔是 20 世纪中至 20 世纪末一位主要的生物学家。他是现代新达尔文主义的创始人之一，他使自然淘汰在进化论中恢复了它的中心地位。"①迈尔自己对这点也相当自豪，他曾经说过，"噢，我很厉害，你知道吗？因为我不会屈服。除了一两个例外，我和我所有的对手都保持着十分良好的关系"。

迈尔曾经用"岿然不动"来形容达尔文的进化论，这个词也恰好是他本人的写照。他以坚强的毅力，毕生为捍卫科学真理做出了贡献。

第二节 学术生涯中的关键人

迈尔的成功很大程度上取决于他自己异乎常人的努力，但不可否认，他的一生中出现了几个关键人物，这些人对迈尔的影响是巨大的。

一、斯特雷斯曼

斯特雷斯曼是 20 世纪杰出的鸟类学家。他曾经发起了对旧鸟类学的改革，提出的"新鸟类生物学"的思想，直接或间接地加强了鸟类学与遗传学、生态学、生理学以及动物行为学等学科之间的联系，影响了大量同时代的人，被称

---

① Greene J. Ernst Mayr at ninty .Biol Philos, 9: 389.

为斯特雷斯曼革命[①]。斯特雷斯曼建立了两周一次的柏林学术讨论会，主编了《鸟类学月刊》和《鸟类学杂志》这两本当时世界上最好的鸟类学杂志。他曾经是柏林博物馆鸟类分馆的馆长，后来成为德国鸟类学家协会的主席和荣誉主席，1934 年还担任了牛津大学第四届国际鸟类学会议的主席。

迈尔是斯特雷斯曼的第一个博士生。他与斯特雷斯曼的结缘源于两只鸭子。

1923 年 2 月迈尔的母亲送给他双筒望远镜后，迈尔非常兴奋。他连续几个星期每天都带着望远镜去附近的几个湖边观察。1923 年 3 月 23 日，他生命中第一件主要的历史事件出现了。他用他的新望远镜发现了一对鸭子。红嘴的公鸭是他从未见过的。他回家后马上就到鸟类学资料中去查找。结果他发现，从 1845 年起，萨克森就没有人再见过这种鸭子。因此当地鸟类协会的成员之间一直存在着关于这种鸭子真实性的争论。

为了解决这个问题，雷蒙·舍尔歇尔（Raimund Schelcher，1891～1979）博士建议迈尔去找他以前的同学斯特雷斯曼，他给斯特雷斯曼写了一封介绍信，这封信为迈尔和斯特雷斯曼建立了重大的联系。斯特雷斯曼那时早已是德国鸟类学的先驱了。经过仔细地盘问和对迈尔野外考察笔记的分析，他最终认可了迈尔的发现，为此还写了一个简短而生动的公告。斯特雷斯曼对迈尔的热情和知识非常赞赏，邀请他作为高中生志愿者来博物馆鸟类分部工作。"这件事就好像有人给了我一把天堂的钥匙一样"[②]，迈尔多年后回忆时这样讲到。与斯特雷斯曼交往后不久，迈尔的命运就发生了转变。

沿袭家庭传统，迈尔在大学时期选择了医学专业。斯特雷斯曼认为这太可惜了，对于鸟类学来说失去了一个天才。作为柏林最杰出的鸟类学家，他认定迈尔是"一颗正在升起之星，具有惊人的系统学天分"，所以竭尽全力去说服迈尔转向鸟类学的学习。利用迈尔爱探险这一点，斯特雷斯曼劝迈尔说，如果他转到鸟类学专业，就同意他去热带考察，以完成博士论文。迈尔孩提时代就有

---

① Haffer J. Ornithology, Evolution, and Philosophy—The Life and Science of Ernst Mayr 1904-2005. New York: Springer, 2007: 39.

② Diamond J M, Gilpin M E, Mayr E. Species-distance relation for birds of the Solomon Archipelago, and the paradox of the great speciators. Proceedings of the National Academy of Science USA,1976, 73: 176.

去探险的梦想，这个提议对年轻的迈尔来讲具有绝对的诱惑力，最终迈尔同意了斯特雷斯曼的意见。

斯特雷斯曼的研究重点是物种概念理论和物种分类定义的困难，以及物种形成的问题。他是讨论种群之间的基于遗传生殖隔离问题之上的物种概念的第一个动物学家。他认为这样的隔离只能发生在相对较小的地理上隔离的种群。这也是迈尔物种及物种形成思想的直接来源。早在 1924 年他 19 岁时，迈尔就经常与斯特雷斯曼一起讨论物种问题，分析相近鸟类的物种之间系统发育的联系、变异的几率、趋同等现象。此后迈尔一直受到导师的影响，他自称为是斯特雷斯曼的忠实信徒。

他在评价导师的影响时写道："我父亲去世的时候我只有 12 岁。后来导师就扮演了这个角色。当一个孩子需要向父亲求助的时候，我就找他。他在 1930 年我野外考察回来之后给予了我极大的荣誉，可以说，从师徒关系把我提高到了年龄小的弟弟的级别。之后我们以兄弟相称。事实上我们也只相差 15 岁。我也变得越来越像他的弟弟。有时候甚至会有一点兄弟间竞争的小嫉妒。他是我最亲密的朋友，事实上我也没有更亲密的朋友了。在那些年我进入了希尔曼（Gottfried Schiermann）的领域，但这是完全不同的事情。直到我和杜布赞斯基交往的时候，导师仍然是我最好的朋友。对于导师来说，我不仅是个朋友，而且是个信徒。当我受邀到纽约工作的时候，他非常高兴，因为那意味着他的影响从此要扩展到美国了。当然，他一定是有点嫉妒我在纽约的工作，不过他从来没提起过。幸运的是，20 世纪 30 年代，他的兴趣从鸟类物种的系统学，转向了鸟类的形态学和生理学。由于没有更多的标本，这个转向是必要的。我后来当然成了他的信徒。值得一提的是，我在系统学领域的思想都来自于我的导师，包括生物学物种概念。"①

斯特雷斯曼第一次见到迈尔的时候，就认定迈尔是个鸟类学的天才，所以他从一开始对迈尔就像是同事一样，尽管时间紧张，他也会很悠闲地给迈尔写很多

---

① Haffer J. Ornithology, Evolution,and Philosophy—The Life and Science of Ernst Mayr 1904-2005. New York: Springer, 2007: 41.

很长的信。就是在一封一封的信中，迈尔被深刻地影响着。他认为这种影响比面对面讨论更加有效。迈尔从斯特雷斯曼和壬席那里了解了系统学的原理，包括生物学物种概念、异域物种形成、动态的动物区系和动物地理学等。对迈尔来说，没有一个比斯特雷斯曼更博学、更有感召力、更具广泛兴趣的老师了。后来他们成了亲密的私人朋友，为此，迈尔甚至为了一个邀请从纽约专程回到德国。

迈尔在 1934 年 10 月写给斯特雷斯曼的一封信中说，"我说你是我最好的朋友一点不夸张。没有人像你一样不怕麻烦地指出我的错误，没有人比你更好地激发我的想象力和雄心。我在纽约很想念你"①。

迈尔终生感激他的导师。1923～1972 年，他们通信大约 850 封。

尽管斯特雷斯曼是鸟类学的关键人物，他使鸟类系统学和野外考察工作结合了起来。但他在英语国家并不为人所知，因为他的著作都是德文的。可想而知，迈尔的多种语言基础给他提供了极大的便利。

二、查普曼

1930 年 6 月，迈尔参加了在阿姆斯特丹举行的第七届国际鸟类学会议，在那里他遇到了许多鸟类学杰出的名人，包括美国自然历史博物馆鸟类分馆的馆长查普曼（F. M. Chapman）。几个月后，查普曼邀请迈尔到纽约工作一年，整理惠特尼南部海岸探险带回的鸟类标本。迈尔第二年初完成他关于在新几内亚鸟类标本采集的报告后才离开柏林。1931 年 1 月 19 日迈尔到达纽约，次日去上班。

1932 年迈尔被授予美国自然历史博物馆鸟类分馆副馆长之职。接下来的几年，他要组织编目和鉴定 28 万标本。不过他并不属于博物馆聘任人员，他的薪水从惠特尼家领取。这就意味着一旦惠特尼停止资助的话，迈尔就失业了，必须回德国去。出于对工作的热情和当时的境况，迈尔欣然接受了挑战。

事实上，当时这份工作确实比在德国的好。和斯特雷斯曼在一起的话，他们的事业就会发生冲突，迈尔不可能成为第二个鸟类学家。他是柏林博物馆最

---

① Haffer J. Ornithology, Evolution,and Philosophy—The Life and Science of Ernst Mayr 1904-2005. New York: Springer, 2007: 41.

年轻的助理研究员，还得等很多年才有可能成为馆长。更为重要的是，尽管迈尔去美国与 1933 年开始统治德国的纳粹政权无关，但由于是犹太人，如果他继续待在德国的话，在二战期间很可能活不下来。即使侥幸没有遭到迫害，那种环境下想全身心发展事业是绝对不可能的。事实已经证明了迈尔当初选择的明智，正是查普曼给他提供了这种机会。

在工作的期间，查普曼给予迈尔极大的信任，他对如何处理从西南太平洋带回来的标本，以怎样的顺序进行处理等工作有完全自主的权力。这样的自主权使迈尔的才能得到充分的发挥，增强了他以美国方式做事的能力，也赢得了同事和老板的敬佩。为了延长迈尔的工作，查普曼几个月后写信到柏林，要求延期到 12 月。1932 年春天当 Rothschild 的标本到达纽约的时候，迈尔被任命为 *Whitney-Rothschild* 标本馆的副馆长，继续他的研究生涯。

三、壬席

迈尔很欣赏壬席的文章。当迈尔在柏林博物馆忙于他的博士论文时，壬席到那里任助教。壬席的兴趣非常广泛，对鸟类学、生理学和哲学的兴趣一样浓。他不仅是对鸟类和鸟类研究有着相当浓厚的兴趣，而是对所有生物种类都有兴趣。壬席后来担任了柏林博物馆软体动物馆的馆长，为分类学做了相当大的贡献。在柏林博物馆的时候，斯特雷斯曼、壬席、诺依曼和迈尔总是在一起吃午饭。壬席总是最不活跃的一个，完全缺乏幽默感。但迈尔还是很敬佩他。他知识面广，有思想，有计划，有远见。从壬席 1929 年出版的著作中，迈尔学到了很多关于新系统学的知识，他后来关于系统分类学的一些观点都来自于壬席。迈尔认为，在柏林博物馆，壬席比斯特雷斯曼更像是他的老师。

壬席的另一个兴趣是动物地理学。迈尔很多思想来源于他 1936 年的 Sunda 岛和东印度尼西亚的生物地理学著作。后来壬席又写了大量哲学方面的书，迈尔也是支持他大部分的观点的。只是由于壬席不接受涌现，他不得不假设思想和意识早就发生在最低的水平，即原子水平。因此迈尔很怀疑是否有人愿意接受壬席的这一哲学理念。

四、杜布赞斯基

早在 1927 年迈尔就表达出了"遗传学家与系统学家的合作如此之少"的遗憾，对此他虽然感到不满却又无可奈何。1931 年迈尔来到纽约后偶然读到一篇关于母甲虫的地理变异的文章，迈尔惊喜地发现，这篇博物学方面的文章居然出自一位遗传学家之手！他非常兴奋地说："终于有了一位了解我们分类学家的遗传学家了！"这篇文章的作者是俄国的遗传学家杜布赞斯基，迈尔设法与他取得了联系。在其后数年里，他们通过信件彼此交流，密切合作。尤其是杜布赞斯基 1939 年末转到纽约哥伦比亚大学后，他们成为了好朋友。从那时起，他们经常讨论新系统学的问题、物种形成的遗传因素及其他有共同兴趣的话题。

通过与杜布赞斯基的交流，迈尔对遗传学的动向了如指掌。他在大学学习医学的时候学过遗传的一些相关知识，对遗传学就产生了兴趣，有了杜布赞斯基的帮助，迈尔也通过果蝇的实验，进行了一些遗传学的研究。他们频繁地交流学术思想也促成了迈尔异域成种事件理论的诞生。

在迈尔对遗传学家们的工作有了较深了解后，他发现存在于一般博物学家和遗传学家之间的鸿沟其实不是真的不可逾越，迈尔为此做出了努力，并最终欣喜地看到了结果，即 20 世纪 40 年代发生的进化论的综合。迈尔作为综合进化论的建筑师，他为此所做的工作离不开杜布赞斯基对他的影响。

除了以上几位，对迈尔的一生产生较大影响的还有惠特尼、卡尔·乔丹和迈尔的一些同事等，可以说迈尔成功不仅得益于集他的伯乐、导师、朋友等多种角色于一体的著名鸟类学家斯特雷斯曼，也得益于许多和他交往的其他学者。迈尔能够仔细研究他们的科学思想，更能将这些思想与自己的观点进行融合，从而将不同的研究领域结合起来，取长补短，对各学科领域知识的衔接起到了良好的桥梁作用。

结　语

　　历史是进化的，科学是进化的。作为一个进化生物学家，迈尔将进化的观念用于生物学史的研究，沿着两千年生物学思想的发展路径一路走来，使人们更加准确地理解了现在的生物学和其他科学。研究表明，20 世纪科学史发生了从物理学向生物学的转向[1]，迈尔功不可没，甚至于可以毫不夸张地说，正是通过迈尔终生不懈的努力，才促成了这一转向的发生。

　　虽然有学者指出，尽管"对科学哲学中的物理主义倾向有着强烈的抵触情绪，不过迈尔并不因人废言，他对库恩所说的'科学革命'并不反感"。[2]迈尔的科学史观决定了他对学术界的不同声音通常持有着无比宽容的心。然而身处达尔文共同体的阵营的迈尔时时处处以达尔文为焦点，对达尔文的过度关注可能会掩盖历史的部分其他内容，因此难免有编史学上的"排他主义"的嫌疑。可以肯定的是，迈尔独特的生物学史观和写作特征，正是他《生物学思想发展史》一书获得普遍认可的不可或缺的重要因素。对于致力于科学史推广的工作人员来说，写作手法有时候甚至比科学素养更重要一些。一本科学史学著作，要想对读者起到深刻的影响作用，不仅需要作者有深厚坚实的学科基础，还需要作者具有可以抓住读者兴趣的写作手法，才能更好、更轻松地将作者的科学史观向读者传播，并将其潜移默化地渗入读者的思想。

① 魏屹东 . 爱西斯与科学史 . 北京：中国科学技术出版社 ,1997:130.
② 桂起权 , 傅静 , 任晓明 . 生物科学的哲学 . 成都：四川教育出版社 ,2003:49.

对生物学史的工作人员来讲，迈尔的生物学编史学方法非常值得学习与借鉴，他的理论对我国目前的科学哲学和生物学哲学水平的提高，以及对生物工作者的教学和科研都具有很大的帮助。

参 考 文 献

埃米尔·诺埃尔.2000.今日达尔文主义.朱小洁译.北京：北京大学出版社.

北京大学哲学系外国哲学史教研室.2003.西方哲学原著选读.上卷.北京：商务印书馆.

查尔斯·达尔文.2005.物种起源.舒德干译.北京：北京大学出版社.

陈大清,李亚南.2001.纵观生物进化的理论及其哲学观.湖南农学院学报,1:49-56.

陈蓉霞.2003.常读常新达尔文.科学（上海）,5:55.

陈蓉霞.1996.进化的阶梯.北京：中国社会科学出版社.

陈世骧.1975.生物进化的辩证法——生物在又变又不变的矛盾中进化.科学通报,8:348-357.

陈世骧.1983.物种概念与分类原理.中国科学（B辑）,4:315-320.

大卫·牛顿.1999.DNA结构发现者——詹姆士·沃森与法兰西斯·克里克.张国廷译.北京：
   外文出版社.

董国安.2009.从生物界的辩证法到生物学哲学——新中国成立以来生物学中哲学问题的研
   究.自然辩证法研究,10:70-75.

董华,张晋虎.2002.生物学史研究在科学史研究中的作用和意义.科学技术与辩证法,8:49-53.

董华,张晋虎.2003.20世纪生物学的特征及其对哲学的影响.科学技术与辩证法,5:11-14.

董华,赵勇.2004.当代生物学中的非线性因果观.山西高等学校社会科学学报.3:12-15.

恩格斯.1984.自然辩证法.中共中央马克思、恩格斯、列宁、斯大林著作编译局译.北京：人
   民出版社.

恩斯特·迈尔.2007.进化是什么.田洺译.上海：上海科学技术出版社.

费尔巴哈.1984.费尔巴哈哲学著作选集.上卷.荣震华,李金山译.北京：商务印书馆.

傅静,桂起权.2001.尼耳斯·玻尔的生物学哲学思想.自然辩证法研究,6:63-67.

傅静,桂起权.2001.评大卫·霍尔的生物学哲学——从系统科学和科学哲学的观点看.自然辩

证法通讯 ,6:26-30.

高文武 , 唐骏 .2006. 从生物哲学中自主论与分支论的争论看两者的融合 . 湖北社会科学 ,3:98-100.

顾浩 .2006. 论学科交叉路径及趋势 . 上海金融学院学报 ,6:67-73.

关胜侠 .2003. 对现代生物技术的哲学反思 . 湖北社会科学 ,1:32.

桂起权 .2004. 我的生物学哲学研究——在普遍性与特异性之间的两极张力 . 山东科技大学学报（社会科学版）,1:1-5.

桂起权 , 傅静 .2008. 迈尔的"生物学哲学"核心思想解读——从复杂性系统科学的视角看 . 科学技术与辩证法 ,5:1-7.

桂起权 , 傅静 , 任晓明 .2003. 生物科学的哲学 . 成都 : 四川教育出版社 .

郭华庆 .1989. 分子生物学中的几个哲学问题 . 自然辩证法研究 ,1:35-41.

郭志荣 , 张琚 .2003.DNA 世纪之回顾——浅析科学发现的要素 . 医学与哲学 ,2:16-21.

海克尔 .1974. 宇宙之谜 . 上海外国自然科学哲学著作编译组译 . 上海 : 上海人民出版社 .

黑格尔 .1980. 小逻辑 . 贺麟译 . 北京 : 商务印书馆 .

洪谦 .1984. 逻辑经验主义 . 下卷 . 北京 : 商务印书馆 .

胡文耕 .1981. 分子生物学中的哲学问题 // 中国社会科学院哲学研究所自然辩证法研究室编 . 自然科学哲学问题论丛 . 南宁 : 广西人民出版社 :211-235.

胡文耕 .1979. 生命的本质是什么 //《哲学研究》编辑部 . 自然辩证法文集 . 长春 : 吉林人民出版社 :197-213.

胡文耕 .2002. 生物学哲学 . 北京 : 中国社会科学出版社 .

黄天授 .1999. 面向 21 世纪的生物学哲学 . 自然辩证法研究 ,2:1-4.

金吾仑 .1985. 自然观与科学观 . 北京 : 知识出版社 .

库瓦雷 .1991. 科学思想史研究方向与规划 . 孙永平译 . 自然辩证法研究 ,7: 63-65.

李创同 .2006. 科学哲学思想的流变 . 北京 : 高等教育出版社 .

李殿斌 , 符扬 .1989. 生物哲学人类学述评 . 河北师范大学学报 (哲学社会科学版),4:50-52.

李建会 .1994. 恩斯特·迈尔的新生物学哲学综观 . 自然辩证法通讯 ,(6): 75-78.

李建会 .1991. 分支论和自主论——当代生物学哲学的两大派别 . 自然辩证法研究 ,4:56-58.

李建会 .2004. 国外生命科学哲学的研究 . 医学与哲学 , 12:12-16.

李建会 .1996. 生命科学哲学的兴起 . 自然辩证法研究 ,4:39-44.

李建会 .1994. 生物科学中存在规律吗？ 科学技术与辩证法 ,5:20-24.

李建会 .2005. 生物学世纪呼唤生物学哲学 . 医学与哲学 ,6:1.

李景林 .2003. 哲学方法的个性化特征及其普遍性意义 . 哲学动态 ,7:46-49.

李难 .2000. 恩斯特·迈尔——当代进化生物学的权威 . 生物学通报 ,12:57-58.

刘鹤玲 , 亚历山大·罗真堡 .1989. 生物科学的结构 . 大自然探索 ,2:51.

刘学礼 .1992. 童第周的生物学哲学思想 . 医学与哲学（人文社会医学版）,10:54-56.

卢启文 .1988. 现代综合进化论和社会生物学 . 北京大学学报（哲学社会科学版）, 3:67-75.

马来平 .2009. 关于科技哲学研究论文写作的若干思考 . 自然辩证法研究 ,10:47-52.

迈尔 .1990. 生物学思想发展的历史 . 涂长晟等译 . 成都：四川教育出版社 .

迈尔 .2003. 很长的论点 . 田洺译 . 上海：上海科学技术出版社 .

迈尔 .1985. 鸟类学对生物学的贡献 . 郑光美译 . 动物学杂志 .6:36-42.

迈尔 .1992. 生物学哲学 . 涂长晟等译 . 辽宁：辽宁教育出版社 .

莫里茨·石里克 .1984. 自然哲学 . 陈维杭译 . 北京：商务印书馆 .

木村资生 , 王增裕 .1986. 分子进化中立说 . 世界科学 ,8:13-15.

欧阳莹之 .2002. 复杂系统理论基础 . 田宝国 , 周亚 , 樊瑛译 . 上海：上海科技教育出版社 .

潘承湘 .1985. 世界近现代生物学史研究进展初析 . 自然辩证法通讯 ,4:50-57.

皮特·J.鲍勒 .1999. 进化思想史 . 田洺译 . 南昌：江西教育出版社 .

切克兰德 .1990. 系统论的思想与实践 . 左晓斯等译 . 北京：华夏出版社 .

任晓明 .2004. 虚拟生物的哲学探索 . 山东科技大学学报（社会科学版）,1:6-9.

任衍钢 .1995. 生物学史上的两个弗莱明 . 生物学通报 ,5:48.

上海外国自然科学哲学著作组编 .1975. 外国自然科学哲学摘译 .1975 年第 2 期 . 上海：上海人
    民出版社 .

上海外国自然科学哲学著作组编 .1974. 外国自然科学哲学摘译 .1974 年第 5 期 . 上海：上海人
    民出版社 .

孙乃恩 , 孙东旭 , 朱德煦 .2002. 分子遗传学 . 南京：南京大学出版社 .

童第周 .1978. 简谈生物学上的理论学说及其发展史 . 哲学研究 ,9:35-55.

童第周 .1978. 简谈生物学上的理论学说及其发展史 . 哲学研究 ,9:2-14.

王恒 , 朱幼文 .2000. 诺贝尔科学奖百年百人（生理学及医学奖部分）. 北京：中国城市出版社 .

王姝彦 .2003. 科学与哲学的完美结合 . 科学技术与辩证法 ,4:58-63.

王巍 .2008. 生物学哲学的前沿问题——首届"清华—匹大科学哲学暑假学院"综述 . 哲学动
    态 ,11:103-105.

魏屹东 .1997. 爱西斯与科学史 . 北京：中国科学技术出版社 .

魏屹东 .1995. 科学史研究为什么从内史转向外史 . 自然辩证法研究 ,11:27-32.

吴国盛 .1994. 走向科学思想史研究 . 自然辩证法研究 ,2:10-15.

肖效武 .1986. 全息生物学与辩证法的基本规律 . 内蒙古社会科学 ,1:16-20.

邢润川 , 孔宪毅 .2005. 自然科学方法论与自然科学史方法论比较 . 科学技术与辩证法 ,6:78-82.

邢润川 , 李铁强 .2001. 科学史研究的方法论原则——从与自然科学研究的比较看 . 自然辩证法
    研究 ,7:57-60.

徐娜 . 鸟儿性格影响命运 . 大众科技报 ,2006-5-11,B7.

薛定锷 .1973. 生命是什么？ ——活细胞的物理观 . 上海外国自然科学哲学著作组译 . 上海：上
    海人民出版社 .

杨永福 , 洪咸友 , 朱桂龙 .1999. 科学发展中的学科交叉研究史例探析 . 自然辩证法研究 ,4:59-63.

伊 · 拉卡托斯 ,1986. 科学研究纲领方法论 . 兰征译 . 上海：上海译文出版社 .

曾国屏 .2009. 迎接新的科技革命，促进自然辩证法发展 . 自然辩证法研究 ,10:12-15.

曾健 . 2007. 生命科学哲学概论 . 北京：科学出版社 .

张青棋 .1996. 国外生物学史、生物哲学研究最新动态析——"95 国际生物学史生物哲学和生
    物社会学"学术讨论会侧记 . 自然辩证法研究 ,2:67-68.

张青棋 .1996. 建国以来我国生物哲学研究的历史与现状 . 自然辩证法研究 ,7:50-55.

张世英 .2002. 哲学导论 . 北京：北京大学出版社 .

张铁山 .2007. 认知科学视野中的哲学方法 . 科学技术与辩证法 ,24(2):38-41.

赵功民 .1985. 分子生物学的发生、发展及其哲学意义 . 哲学动态 ,5:27-32.

周建漳 .2003. 生物学哲学：科学哲学的新视野 . 自然辩证法研究 ,4:1-4,38.

周丽威 .2005. 生物学史对生物教学的启示 . 通化师范学院学报 ,2:116-117.

朱玉贤 , 李毅 .2002. 现代分子生物学 . 北京：高等教育出版社 .

Ayala F J. 2000. Theodosius Dobzhansky: a man for all seasons. Resonance, 5: 48-60.

Bernadino Fantini.1991, 当代生命科学史中的一些方法论问题 . 李佩珊译 . 科学对社会的影
    响 ,4:9-19.

Bulmer M. 1991. The selection-mutation-drift theory of synonymous codon usage, Genetics, 29: 897-
    907.

Darwin C.1964.On the Origin of Species by Means of Natural Selection, or the Preservation of
    Favoured Races in the Struggle for Life. Cambridge: Harvard University Press.

Dobzhansky T. 1973. Nothing in biology makes sense except in the light of evolution. American
    Biology Teacher, 35: 125-129.

Eldredge N, Gould J. 1972. Punctuated equilibria: an alternative to phyletic gradualism// Schopf T J M (ed.). Models in Paleobiology. San Francisco: Freeman, Cooper, and Co., 82-115.

Eyre-Walker A, Hurst L D. 2001. The evolution of isochors. Nat Rev Genet 2: 549-555.

Haffer J. 2005. Ernst Mayr—bibliography. Ornitholog Monogr, 58: 73-108.

Haffer J. 2007.Ornithology,Evolution,and Philosophy—The Life and Science of Ernst Mayr 1904-2005. New York, Springer.

Jepsen G L, Mayr E, Simpson G G (eds.).1949. Genetics, Paleontology and Evolution. Princton: Princeton University Press.

John W. 2007. The dimensions, modes and definitions of species and speciation. Biology and Philosophy, 22: 247-266.

Junker T. 2004. Die zweite Darwinsche Revolution. Marburg: Basilisken-Presse.

Junker T. 2007.Ernst Mayr (1904–2005) and the new philosophy of biology. J Gen Philos Sci, 38: 1-17.

Junker T. 1996. Factors shaping Ernst Mayr's concepts in the history of biology. J Hist Biol, 29: 29-77.

Junker T. 2007. Ornithology, Evolution and Philosophy　——The Life and Science of Ernst Mayr 1904-2005, New York: Springer Berlin Heidelberg.

Kimura M. 1968. Evolutionary rate at the molecular level. Nature, 217: 624-626.

King J L, Jukes T H. 1969. Non-Darwinian evolution. Science, 149: 788-798.

Mayr E, Provine W. 1980. The Evolutionary Synthesis. Cambridge: Harvard University Press.

Mayr E.1959.Agassiz, Darwin, and evolution. Harvard Library Bulletin, 13: 165-194.

Mayr E. 1963. Animal Species and Evolution. Cambridge: Harvard University Press.

Mayr E. 1959. Concerning a new biography of Charles Darwin, and its scientific shortcomings. Scientific American, 201: 209-216.

Mayr E. 1977. Darwin and natural selection. American Scientist, 65: 321-327.

Mayr E. 1959. Darwin and the evolutionary theory in biology// Meggers B J(ed.). Evolution and Anthropology: A Centennial Appraisal.Washington, D. C. : The Anthropological Society of Washington: 1-10.

Mayr E. 1996. Darwinism from France. Science, 274, 20-32.

Mayr E. 1992. Darwin's principle of divergence. Journal of the History of Biology, 25(3): 343-359.

Mayr E. 1975. Epilogue: materials for a history of American ornithology// G. W. Cottrell (ed.).Ornithology: from Aristotle to the Present by Erwin Stresemann. Cambridge: Harvard University Press: 365-396, 414-419.

Mayr E. 1973. Erwin Stresemann. The Ibis, 115: 282-283.

Mayr E. 1971. Essay review: open problems of Darwin research. Studies in History and Philosophy of Science, 2: 273.

Mayr E. 1978. Evolution. Scientific American, 239: 47-55.

Mayr E. 1974. Evolution and God. Review of Darwin and his critics: the reception of Darwin's theory of evolution by the scientific community by David L. Hull [Harvard University Press, Cambridge, Massachusetts, 1973]. Nature, 240: 285-286.

Mayr E. 1992. Haldane's causes of evolution after 60 Years. The Quarterly Review of Biology, 67: 175-186.

Mayr E. 1995. Haldane's Daedalus// Dronamraju K R (ed.). Haldane's Daedalus Revisited. Oxford: Oxford University Press: 79-89.

Mayr E. 1992. In memoriam: Bernhard Rensch, 1900-1990. The Auk, 109, 188.

Mayr E. 1972. Lamarck revisited. Journal of the History of Biology, 5: 55-94.

Mayr E. 1991. One Long Argument: Charlles Darwin and the Genesis of Modern Evolutionary Thought. Cambridge: Harvard University Press.

Mayr E.1997. Reminiscences from the first curator of theWhitney-Rothschild collection. BioEssays, 19:175-179.

Mayr E. 1994. Response to Richard Burkhardt. Biology and Philosophy, 9 (7): 373-374.

Mayr E. 1973. Review: the recent historiography of genetics review of origins of mendelism by R. C. Olby. Journal of the History of Biology, 6(1): 125-154.

Mayr E. 1964.Systematics and the Origin of Species. New York: Columbia University Press.

Mayr E. 1994. The advance of science and scientific revolutions. Journal of the History of the Behavioral Sciences, 30(4): 328-334.

Mayr E. 1984. The contributions of ornithology to biology. BioScience 34: 250-255.

Mayr E. 1974. The diversity of life// JohnsonW H, Steere W C (eds.). The Environmental Challenge. New York:Holt, Rinehart and Winston: 20-49.

Mayr E. 1982.The Growth of Biological Thought: Diversity, Evolution and Inheritance. Cambridge: Harvard University Press.

Mayr E. 2002. The last word on Darwin? Review of Charles Darwin: the power of place by J.

Browne. Nature, 419(6909): 781-782.

Mayr E. 1990. The myth of the non-Darwinian revolution. Biology and Philosophy, 5(1): 85-92.

Mayr E. 1972. The nature of the Darwinian revolution: acceptance of evolution by natural selection required the rejection of many previously held concepts. Science, 176: 981-989.

Mayr E. 1977. The study of evolution, historically viewed. Special Publs Aced Nat Sci Philad, 12: 39-58.

Mayr E.1988. The why and how of species.Biology and Philosophy, 3: 431-441.

Mayr E. 1999.Thoughts on the evolutionary synthesis in Germany// Junker T, Engels E M. Die Entstehung der Synthetischen Theorie: Beiträge zur Geschichte der Evolutionsbiologie in Deutschland 1930-1950.Berlin: Verlag für Wissenschaft und Bildung: 19-30.

Mayr E. 1988. Toward a New Philosophy of Biology: Observations of an Evolutionist. Cambridge: Harvard University Press.

Mayr E.1985. Weismann and evolution. Journal of the History of Biology, 3: 295-329.

Mayr E. 1990. When is historiography whiggish? Journal of the History of Ideas, 51(2): 301-309.

Mayr E. 2002. 80 years of watching the evolutionary scenery. Science, 305: 46-47.

Mayr E. Darwin's five theories of evolution// Kohn D (ed.). The Darwinian Heritage. Princeton: Princeton University Press: 755-772.

Nanay B. 2010. Popution thinking as trope nominalism. Synthese, 177(1): 91-109.

Nei M. 2005. Selectionism and neutralism in molecular evolution. Mol Biol Evol, 22: 2318-2342.

Smart J J C. 1963. Philosophy and Scientific Realism. London: Routledge and Kegan Paul.

Weissman C. 2010. The origins of species: the debate between August Weismann and Moritz Wagner. Journal of the History of Biology, 43(4): 727-766.

Winsor M. 2006. Linnaeus's biology was not essentialist. Ann Missouri Bot Gard, 93: 2-7.

Wright S. 1931. Evolution in Mendelian populations. Genetics, 16: 97-159.

附　录

迈尔的履历及社会荣誉

最近的头衔：亚历山大·阿加西哈佛大学比较生物学博物馆荣誉生物学教授

专业领域：鸟类学，分类学，动物地理学，进化学，生物学历史和哲学

出生：1904 年 7 月 5 日生于德国肯普腾，后移民美国

婚姻状况：玛格丽特·西蒙（1912 年 2 月 29 日至 1990 年 8 月 23 日）

子女：克里斯塔，苏珊尼，5 个孙子女，10 个曾孙子女

死亡：贝德福德，马萨诸塞州，2005 年 2 月 3 日

一、教育情况

1925 年　格雷夫斯沃尔德大学

1926 年　柏林大学博士学位（动物学；6 月 24 日）

二、野外考察

1928 年　罗斯切尔德探险荷属新几内亚

1928～1929 年　探险新几内亚委托统治地（柏林大学）

1929～1930 年　惠特尼南部海探险所罗门群岛（纽约自然历史博物馆）

三、职务

1926～1932年　德国柏林大学动物学博物馆馆长助理

1931～1932年　纽约自然历史博物馆鸟类学部副访问学者

1932～1944年　惠特尼罗斯切尔德收藏馆鸟类学部馆长助理

1944～1953年　惠特尼罗斯切尔德收藏馆鸟类学部馆长助理

1953～1975年　亚历山大·阿加西哈佛大学动物学教授（7月1日起）

1961～1970年　哈佛大学比较动物学展馆主任

1975～2005年　哈佛大学亚历山大·阿加西荣誉动物学教授

四、名誉学位

1957年　瑞典乌普萨拉分类学博士

1959年　耶鲁大学分类学博士

1959年　澳大利亚墨尔本大学进化学博士

1966年　牛津大学鸟类学博士

1968年　德国慕尼黑大学进化学博士

1974年　巴黎大学索邦神学院进化学博士

1979年　哈佛大学进化学博士

1982年　剑桥大学进化学博士

1982年　加拿大圭尔夫大学生物哲学博士

1984年　佛蒙特州进化学博士

1993年　马萨诸塞州大学阿默斯特学院分类学博士

1994年　奥地利维也纳大学鸟类学博士

1994年　德国康斯坦茨大学生物哲学博士

1995年　意大利博洛尼亚大学进化学博士

1996年　佛罗里达罗林斯大学生物哲学博士

1997年　巴黎国家自然博物馆分类学名誉学位

2000年　柏林洪堡大学分类学博士

五、讲师和访问教授

1941 年　纽约哥伦比亚大学耶稣分校讲师

1947 年　费城科学研究院讲师

1949～1974 年　明尼苏达州大学访问教授

1950～1953 年　哥伦比亚大学讲师

1951 年　意大利帕维亚大学访问教授

1952 年　华盛顿大学访问教授

1967 年　加利福尼亚大学生命科学讲师

1971 年　亚利桑那州大学访问教授马里科帕坦佩分校

1972 年　加利福尼亚大学河滨分校访问教授

1977 年　德国乌兹堡大学亚历山大·冯·洪堡基金受奖者

1978 年　加利福尼亚大学圣迭戈分校访问教授

1985 年　康奈尔大学文化传播者

1987 年　加利福尼亚大学希区柯克基金教授

六、奖项（33 项）

1946 年　获自然科学研究院 Leidy 奖费城

1958 年　获伦敦林奈学会 Wallace-Darwin 奖

1965 年　获美国鸟类学者联合会 Brewster 奖

1966 年　获耶鲁大学白喉带鹀博物馆 Verrill 奖

1967 年　获国家科学院 Daniel Giraud Eliot 奖

1969 年　获纽约美国自然历史博物馆百年奖

1969 年　获国家科学奖

1971 年　在马萨诸塞波士顿市获科学博物馆 Walker 奖

1972 年　在意大利 Bologna 获科学基金会 Molina 奖

1977 年　获伦敦林奈学会林奈动物学奖

1977 年　获美国鸟类学者联合会 Coues 奖

1978 年　获巴西 Prêmio Jabuti 奖

1978 年　获法国大学奖 Medal, Collège de France

1980 年　获德国 Leopoldina 研究会蒙代尔奖

1983 年　获纽约林奈学会 E. Eisenmann 奖

1983 年　获瑞士和意大利巴尔赞奖

1984 年　获英国皇家学会达尔文奖

1986 年　获分类学研究会的贡献奖

1986 年　获历史科学萨顿奖

1989 年　获亚历山大·冯·洪堡奖

1991 年　获 Phi Beta Kappa 图书奖

1992 年　冷泉港实验室 Ernst-Mayr 餐厅命名

1994 年　获英国鸟类学者联合会 Salvin-Godman 奖

1994 年　获日本国际生物学奖

1994 年　获哈佛大学比较动物学博物馆 Ernst Mayr 实验室贡献奖

1995 年　获罗林斯学院星光大道奖

1995 年　获美国哲学学会本杰明·富兰克林奖

1996 年　获进化学研究会 George Gaylord Simpson 奖

1997 年　在柏林获得 Brandenburgische 学会 Ernst Mayr 讲师资格

1998 年　获路易斯托马斯奖

1999 年　在瑞典斯德哥尔摩获克莱夫德奖

2000 年　获美国科学成就院金盘奖

2000 年　在华盛顿获 2000 年年度生物学家奖

2004 年　获德国生物学联盟 Treviranus 奖

2004 年　在意大利罗马获 Lincei 学院金奖

七、社会荣誉

1939 年　澳大利亚皇家鸟类学联合会通讯会员

1941 年　德国鸟类学研究会荣誉会员

1943 年　纽约自然学者联合会荣誉会员

1944 年　纽约动物学会成员 1987 年科学会成员

1945 年　荷兰鸟类学会通讯会员；1953 年荣誉会员

1948 年　法国鸟类学会荣誉外籍会员

1948 年　伦敦动物学会通讯会员

1949 年　费城自然科学学会通信员

1950 年　新西兰皇家学会荣誉会员

1951 年　印度尼西亚植物园荣誉会员

1951 年　德国拜恩州鸟类学会通讯会员（1976 年卸任）

1952 年　伦敦林奈学会外籍会员

1952 年　南非鸟类学会通讯会员

1954 年　美国科学艺术学会成员。"Jabuti"是印第土著对海龟的称呼。这个奖是一个出版机构（CBL）颁发给上年度最优秀的翻译成葡萄牙语在巴西出版的书的作者

1954 年　国家科学院成员

1955 年　瑞典乌普萨拉 K. Vetenskaps 学会荣誉会员

1955 年　印度动物学会通讯会员，1961 年成为荣誉会员

1956 年　英国鸟类学联合会荣誉会员

1956 年　丹麦 Dansk 鸟类协会荣誉成员

1958 年　美国科学进步协会会员

1962 年　印度动物协会（加尔各答）

1962 年　委内瑞拉自然科学协会通讯会员

1963 年　阿根廷布宜诺斯艾利斯鸟类学会荣誉会员

1963 年　科学协会芬兰（赫尔辛基）荣誉会员

1965 年　美国哲学协会成员

1968 年　哥伦比亚自然学协会荣誉会员

1970 年　德国动物学会荣誉成员

1971 年　体育数学和自然协会（委内瑞拉加拉加斯）外籍通讯会员

1972 年　美国自然历史博物馆鸟类学部名誉馆长

1972 年　德国雷欧仆蒂纳自然科学院（德国哈勒）

1972 年　法国动物学会荣誉会员

1975 年　埃斯帕鸟类学协会（马德里）荣誉会员

1975 年　纳托尔鸟类学俱乐部，荣誉会员

1976 年　生态系统研究会荣誉会员

1976 年　纽约林奈学会荣誉会员

1977 年　法兰克福自然协会通讯会员

1977 年　巴伐利亚学会（慕尼黑）通讯会员

1978 年　科学协会（法国图卢兹）通讯会员

1980 年　意大利 Lincei 国家科学院外籍会员

1981 年　意大利动物学会外籍会员

1984 年　伦敦动物学会荣誉会员

1986 年　美国动物学家协会荣誉会员

1988 年　皇家学会外籍会员

1989 年　巴黎科学院院士

1993 年　匹兹堡哲学研究中心荣誉会员

1994 年　俄罗斯科学协会荣誉会员（莫斯科）

1994 年　柏林—巴赫布兰登堡科学院荣誉成员

1998 年　柏林自然学会 Freunde 通讯会员

2002 年　德国生物学和生物学家联合会荣誉会员

2003 年　德国生物系统学研究会荣誉会员

2003 年　巴西弗里茨·米勒自然学社会学研究会荣誉会员

2003 年　达尔文学会荣誉会员

八、社会职务

纽约林奈学会《学报和会报》编辑 (1934 ～ 1941 年)

美国鸟类学者联合会副会长 (1953 ～ 1956 年)；会长 (1956 ～ 1959 年)

纳托尔鸟类学俱乐部评议员（1954 ～ 1955 年）；副会长（1955 ～ 1957 年）；

　　会长（1957 ～ 1959 年）

国际动物学术语命名委员会委员 (1954 ～ 1976 年)

美国自然学者联合会会长 (1962 ～ 1963 年)

进化学研究会秘书 (1946 年)；编辑 (1947 ～ 1949 年)；会长 (1950 年)

生态系统学会主席 (1966 年)

第 11 届国际动物学大会副主席 (1958 年)

第 13 届国际鸟类大会主席 (1962 年)

国际生物历史哲学社会学协会荣誉会长 (1990 年)